宇宙使用指南

如何在黑洞旋涡、时间悖论和量子不确定性中幸存

[美国] 戴夫·戈德堡　杰夫·布洛姆奎斯特 著

朱晓睿 译　李剑龙 译校

译林出版社

图书在版编目(CIP)数据

宇宙使用指南：如何在黑洞旋涡、时间悖论和量子不确定性中幸存 /（美）戈德堡（Goldberg, D.），（美）布洛姆奎斯特（Blomquist, J.）著，朱晓睿译，李剑龙译校. —南京：译林出版社，2016.4（2017.3重印）

书名原文：A User's Guide to the Universe: Surviving the Perils of Black Holes, Time Paradoxes, and Quantum Uncertainty

ISBN 978-7-5447-6136-9

Ⅰ.①宇⋯ Ⅱ.①戈⋯ ②布⋯ ③李⋯ Ⅲ.①宇宙-普及读物 Ⅳ.①P159-49

中国版本图书馆CIP数据核字（2016）第010860号

书　　名	宇宙使用指南：如何在黑洞旋涡、时间悖论和量子不确定性中幸存
作　　者	[美国]戴夫·戈德堡　杰夫·布洛姆奎斯特
译　　者	朱晓睿
译　　校	李剑龙
责任编辑	宋　旸
原文出版	Wiley, 2010
出版发行	凤凰出版传媒股份有限公司
	译林出版社
出版社地址	南京市湖南路1号A楼，邮编：210009
电子邮箱	yilin@yilin.com
出版社网址	http://www.yilin.com
经　　销	凤凰出版传媒股份有限公司
印　　刷	江苏苏中印刷有限公司
开　　本	718毫米×1000毫米　1/16
印　　张	18.5
插　　页	4
字　　数	227千
版　　次	2016年4月第1版　2017年3月第2次印刷
书　　号	ISBN 978-7-5447-6136-9
定　　价	39.00元

译林版图书若有印装错误可向出版社调换
（电话：025-83658316）

宇宙是一个问题，
科学是最好的解读工具

孙正凡

可怜今夕月，向何处，去悠悠？

是别有人间，那边才见，光影东头？

是天外。空汗漫，但长风浩浩送中秋？

飞镜无根谁系？姮娥不嫁谁留？

谓经海底问无由，恍惚使人愁。

怕万里长鲸，纵横触破，玉殿琼楼。

虾蟆故堪浴水，问云何玉兔解沉浮？

若道都齐无恙，云何渐渐如钩？

——辛弃疾《木兰花慢》

文武双全的传奇词人辛弃疾记述写这首词的缘由是："中秋饮酒将旦，客谓前人诗词有赋待月，无送月者，因用《天问》体赋。"客人提出前人写月亮，只是欢迎月亮到来，没有人送月亮走，所以辛弃疾用《天问》的笔体，写下了这篇"月亮去哪儿了"。这时的人们还不知道我们居住在地球上，猜测陆地周围有四海，认为月亮落下之后，经过海底又回到东方。辛弃疾对此提出疑问，月亮从海底走，会不会被"万里长鲸触破玉殿琼楼"？月亮上的蛤蟆到水里当然没问题（且不考虑淡水咸水的问题），可玉兔又能在水里沉浮？为什么它从一轮明月慢慢变成弯钩了？

这首词看似"醉题"，实际上却是古今中外都会追问的关于宇宙如何运行的问题。从屈原《天问》的"日月安属？列星安陈？"到辛弃疾"向何处，去悠悠"，再到今天我们追问宇宙和生命起源、恒星和星系的诞生与灭亡、暗物质和暗能量的本质，具体的问题虽然变了，探究问题的思路变了，但宇宙始终是吸引每个人的问题。我相信拿起这本《宇宙使用指南》的每一位读者都抱着对科学的向往，希望了解我们这个神奇的宇宙。要回答这些问题，只有依靠科学。

◎ 科学与神话

我们身处其中宇宙究竟是什么样子？我们能认清宇宙真相吗？

这些问题从遥远的古代就有人提出来了。当我们的先民开始思考这个世界的时候，编织了各种美妙的神话故事。比如中国的盘古开天地、女娲造人、日中金乌、月中嫦娥，印度的乌龟和大象驮着大地，埃及的女神撑起天空、男神变为大地……所有民族的神话故事都必然要回答宇宙起源和运行的问题，在神话基础上形成的宗教也沿袭了这些故事，认为各种神灵主宰着这个世界。

屈原在《天问》中对各种故老相传的神话故事提出了质疑，这表明东方的哲人也有很强的思辨精神，可惜这个传统没能得到很好的继承和发扬。在遥远时空的古希腊，公元前6世纪，爱琴海沿岸的小亚细亚地区，这个文明交汇碰撞之地，诞生了最初的一批哲学家，泰勒斯、赫拉克利特、毕达哥拉斯最初也把目光投向了广袤的宇宙，想要解开这个谜团。他们回答问题的方式和之前的宗教神话有了明显的区别。他们认为，讨论虚无缥缈的超自然神灵是毫无意义的，应当借助经验和理性，用自然因素来解释世界的运行和本质。这些哲学家首先提出了"元素"，即世界本原的概念，解释万物生长、刮风下雨、日月食、地震等各类现象，总结自然规律。因此哲学和自然科学（此时被称为自然哲学）诞生于对神话和宗教传统的扬弃。

包括这本《宇宙使用指南》中所有的知识在内，科学体系的诞生是从揭示看不见的宇宙真相开始的。在所有的宗教神话中，无论天地如何被创造，都还是认为天在上、地在下，天似穹庐笼罩平坦大地，即"天圆地方"的古老观念，这是每个人所看到的世界。在毕达哥拉斯的时代，古希腊哲学家通过南北旅行时北极星高度的变化、月食发生时月面的阴影形状，以及航船出海时的船体、船帆、桅杆渐次消失的现象，首先推测出我们脚下的大地（以及海面）其实并不是平坦的，而是球状的。"地球"这个如今每个人都知道的常识，并非"看得见"的存在，而是古希腊哲学家用细致观察和逻辑思考得到的颠覆既往认知的一个伟大发现。这个发现是天文学体系建立的基础，它也提出了古希腊天文学的一个基本问题——探究"地球"的大小、性质以及它在宇宙中的位置。用观察和逻辑推理质疑和推翻旧的观念，至今仍是科学的鲜明特征。

泰勒斯、毕达哥拉斯等人的哲学思想逐渐影响到了希腊本土的城邦雅典，在这里哲学体系继续发展，苏格拉底、柏拉图、亚里士多德三位伟大哲学家的思想深刻影响了人类对世界和自身的认识。苏格拉底进行哲学活动的方式是在市场上和年轻人一起质疑传统，对每一个词语和概念进行反复检验，培养了年轻人的怀疑和追根问底精神。雅典那些保守的传统权威们非常不喜欢苏格拉底的这些做法，竟然以"腐蚀青年""不敬神灵"的罪名把苏格拉底处以死刑。因此苏格拉底之死也成为了哲学从传统文化独立出来的标志性事件，其意义至今仍有连篇累牍的文章在讨论。

如今有很多人认为"科学尽头是哲学，哲学尽头是宗教"，持这些观点的人可能并不足够了解哲学与科学诞生的历史。

◎ 科学的继承与叛逆

这本《宇宙使用指南》的内容是关于物理学、天文学和宇宙学。为什么谈宇宙的书里要讲这么多的物理学知识？实际上，天文学和物理学是"你中有我，我中有你"的关系，理解了物理学，我们才能更好理解宇宙。

从古希腊到今天，天文学都可以看作是物理学的一个分支。亚里士多德把世界分成了两个部分，一部分是"月下世界"，也就是地球和大气层，他认为这个范围里的一切都是由土、水、气、火四种元素组成的，运动形式是向上或向下运动，而"月上世界"即天体是由纯净的第五种元素"以太"构成的，它们进行完美而神圣的圆周运动。古希腊的这种看法来自神话传统把最高处看作神灵居住的区域，神灵所在的是不朽的区域。

古希腊天文学家对地球的地位提出了各种观点，最终被主流认可的是亚里士多德—托勒密的"地心说"，即地球位于宇宙中心静止不动，日月五星和诸恒星都围绕地球转动。但亚里士多德没有想到的是，地球本身也在运动，而且运动速度巨大到不可思议！翻开本书第11页，我们就会看到我们相对于地球中心速度超过1600千米/小时（所谓坐地日行八万里），地球绕太阳的速度超过10万千米/小时（约光速的万分之一）。

亚里士多德"地球静止"的观点之所以被接受，是因为地球静止不动符合我们的日常经验，而且在当时的观测精度下，"地心说"能够解释几乎一切天文现象。一千多年之后，哥白尼提出"日心说"时，实际上也缺少足够的证据，所以没有立即被承认是正确的；直到开普勒、伽利略获得了新的观测证据之后，"日心说"才获得了承认和发展。

"日心说"取代，或者说修正"地心说"的历史，非常鲜明地体现了科学的另一个特征：科学是一种自我纠错体系，科学家对历代前辈的"继承与叛逆"，不断地发现前人看似成功理论中的谬误之处，并在这个基础上做出修正和改进。越是基础性的改进，越需要强有力的证据。

◎ 宇宙始终是一个前沿问题

以宇宙为研究对象的天文学始终是科学历史上的前沿，因为广袤的宇宙隐藏了如此之多的秘密，需要我们调动每个时代全方位的知识资源来理解它。而每次对宇宙的新理解，都带来了科学上的重大革命，甚至引起社会思潮的重大变化。

如果由古希腊人来写《宇宙使用指南》，那会是一部数学加哲学的著作。托勒密的《天文学大成》可以称为"数学天文学"，主要目的是计算日月五星的位置，计算月亮圆缺，以确定历法和时间。古希腊人当然也希望知道天体的性质，但由于观测手段的限制，亚里士多德等人对物理学、对天体本性的讨论看起来更像哲学。

牛顿的《自然哲学中的数学原理》实际上就是一本"宇宙使用指南"，它使数学与哲学融会贯通，把亚里士多德观点中"分裂"的两个世界统一起来，指出支配天体运行的力量是存在于一切物体之间的引力，从而把天上地下的物理规律统一起来，地上的物理学规律同样适用于天上。天文学由此进入了天体力学的阶段。在这段历史上，我们可以看到拉普拉斯、欧拉、高斯等诸多数学家的名字，他们其实也是天文学家，许多以他们的名字命名的数学函数实际上是在解决天体轨道扰动问题的过程中发展出来的。这些方法在今天的航天技术仍在应用。因此一位美国宇航员在回答儿子"是谁在开飞船"的问题时，他说"我认为是牛顿"。

今天我们手里这本《宇宙使用指南》之所以要谈到大量关于相对论、量子力学、粒子物理学的知识，是因为这些知识有的本身就来自对宇宙的研究，有的帮助我们理解了宇宙，比如，20世纪初，对恒星光谱性质的研究总结出来的规律，为玻尔的氢原子结构理论提供了最初的灵感，打开了量子力学的大门；水星轨道近日点进动问题，为爱因斯坦的广义相对论提供了第一个验证；有了粒子物理学，天文学家才解决了太阳即恒星能源和演化的问题；爱因斯坦广义相对论方程的建立，让我们第一次得以把整个宇宙作为科学研究的对象。

所以在本书中，你到处都可以看到量子力学和相对论、光和粒子，这已经成为我们理解宇宙的基础知识。现代天体物理学已经把基本粒子和广袤宇宙统一起来。或许这应验了原子理论建立者、英国科学家卢瑟福说的"所有科学要么是物理，要么是集邮"。物理学存在于每一个学科之中，是支配宇宙的基本规律。

◎ 从宇宙论到宇宙学

宇宙学是一门年轻的学科。正如我们一再提到的，宇宙一直是神话和哲学关注的对象，对于它的性质，人们有了太多的猜测。但直到20世纪，宇宙论这个属于哲学领域的话题，才真正被科学家认真考虑，今天我们才能拥有这本《宇宙使用指南》。

古希腊时代的哲学家把世界分成了月下（即地球和大气层）和月上两部分，认为月下世界是变化和衰败的，而天体是完美而神圣的，因此认为宇宙是永恒的。牛顿仍然认为宇宙是永恒静止的，因为没有人看到过宇宙发生明显的变化。在牛顿之后的两三百年里，空间无限、时间永恒的无限宇宙论在两百多年的时间里成为"客观真理"，被科学和哲学所接受。这是因为牛顿认为只有在无限大的宇宙里，无数的恒星（那时候还没有发现星系）才能靠彼此的引力维持平衡——要是宇宙有限的话，万有引力会让这个系统坍缩。

1917年，爱因斯坦用他的广义相对论方程计算宇宙时，发现方程竟然没有静态解，他引入了一个"宇宙学常数"来平衡引力，让宇宙"静止"下来。但12年后，美国天文学家埃德温·哈勃用当时最大口径的望远镜发现，几乎所有的星系都在离我们远去——这正如爱因斯坦的宇宙学方程最初所显示的，宇宙不是静态的，它正在膨胀！人类数百年来甚至数千年的永恒观念竟然错得离谱！因为宇宙把这个秘密隐藏得太深了，我们也过于相信传统的宇宙观，以至于像爱因斯坦这样聪明的头脑都没能读懂他自己亲手写下的方程发出的强烈提示。

爱因斯坦肯定也不曾想到，他对光速、时间、空间、引力这些基础概念的重新理解，竟然最终改变了我们对整个宇宙的认识。爱因斯坦方程比爱因斯坦本人更"聪明"，这件事也告诉我们，从事科学工作不能迷信任何权威，科学规律善于藏身，需要敏锐的思想才能捕捉到。

哈勃发现星系退行是宇宙膨胀的第一个明确证据。1960年代以来，天文学研究不断地支持并完善大爆炸宇宙学。因此今天的宇宙学跟以往哲学色彩浓厚甚至近乎玄学的宇宙论，已经完全不一样了。天文学家可以根据可靠的观测证据，研究138亿年以来宇宙中发生的各种事件，甚至地球上的生命起源、人类起源也有了宇宙学坐标。古代的传说中"前知一千年，后知五百年"，已经是神话一般的人物，今天只要你了解科学，特别是宇宙学，就可以超越神话。

随着天体物理学和宇宙学的进展，人们发现，以往我们熟悉的那个静谧而安详的宇宙消失了。天文学家们在宇宙中发现了各种奇怪的东西，如奇异的恒星、白矮星、中子星、黑洞、类星体、宇宙微波背景辐射、暗物质和暗能量等。有些内容我们已经了解它的性质，更多的对于我们还是未解之谜。现代宇宙学给我们提供了更多的知识，也提出了更多的问题。

有人认为，现代科学撕掉了神话时代自然的温情面纱，让人类不再是宇宙的中心，变得渺小。但我认为，生活在宇宙这个毫不起眼的地球上的人类，竟然能够认识到如此广袤的宇宙中如此神奇的一切，把宇宙纳入一本书中，这正说明人类的好奇心是多么伟大，科学是多么伟大。

希望这本《宇宙使用指南》成为我们去了解神奇宇宙的开始。读完这本书，你在夜晚走出家门，仰望浩瀚星空，想到我们周围的物质，包括我们身上的每一颗原子竟然都起源于宇宙历史上恒星的燃烧和爆炸，宇宙与我们有如此深远而密切的关联，也许你会觉得这个宇宙已经大不一样了——它在向我们提出问题，召唤我们的好奇心，去寻找新的答案。

目　录

第四章　粒子物理标准模型

"为什么大型强子对撞机不会毁灭地球？"

第五章　时光旅行

"我可以造一个时光机吗？"

第六章　膨胀的宇宙

"如果宇宙正在膨胀，它会膨胀到哪儿去呢？"

致　谢

　　本书是一份爱的结晶。我们把对教学和物理的热爱，转化成各个层次的读者都能理解并享受的物理盛宴。我们很感谢来自朋友、家人和同事的反馈意见。首先并且是最重要的一点，戴夫要感谢他的妻子，Emily Joy，她对本书工作给予了全方位的支持，而且对每一章节都给出了最真实的感受。杰夫要感谢他的家人（特别是他的兄弟）。在本书的写作过程中，家人包容了他喋喋不休的胡说八道，以及那些无意义的涂鸦之作；杰夫还要感谢Frank McCully、Harry Augensen以及戴夫·戈德堡，这三位物理学家给了他许多的灵感。我们也得到了来自Erica Caden、Amy Fento、Floyd Glenn、Rich Gott、Dick Haracz、Doug Jones、Josh Kamensky、Janet Kim、Amy Lackpour、Patty Lazos、Sue Machler（也就是戴夫的母亲）、Jelena Maricic、Liz Patton、Gordon Richards、David Spergel、Dan Tahaney、Brian Theurer、Michel Vallieres、Enrico Vesperini、Alf Whitehead、Alyssa Wilson，以及Steve Yenchik的帮助。我们要感谢Geoff Marcy和Evelyn Thomson，他们的讨论使我们得到了许多启发。我们感谢Rich Gott和Akira Tonomura授权使用他们的插图。感谢我们勤勉的代理人Andrew Stuart，以及我们的优秀编委Eric Nelson和Constance Santisteban。

前　言

"嘿，你是做什么的？"

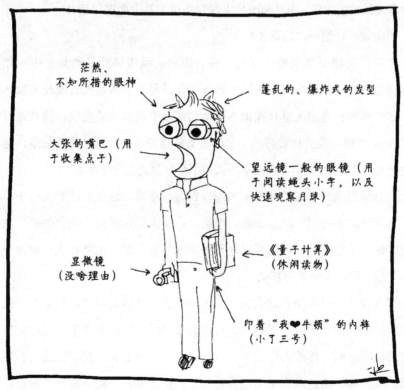

茫然、
不知所措的眼神

蓬乱的、爆炸式的发型

大张的嘴巴（用
于收集点子）

望远镜一般的眼镜（用
于阅读蝇头小字，以及
快速观察月球）

显微镜
（没啥理由）

《量子计算》
（休闲读物）

印着"我❤牛顿"的内裤
（小了三号）

"典型的"科学家形象

物理学家的生活是孤独的。

想象一下这样的场景：你登上飞机刚坐定，邻座的人问你在哪里高就。你回答说自己是一个物理学家。从现在开始，这场对话有两种可能的发展方向，其中90%的人脱口而出的是下面这句话：

"物理？我恨死这门课了！"①

于是，在接下来的整个旅程（或者派对、乘电梯或是约会）中，你都会为物理学给这位素昧平生的朋友造成的显而易见的情感伤害而反复表示歉意。这些偶然相逢的人总是掩饰不住他们那几乎是高兴的蔑视，特别是对物理和数学。"哦，我的代数糟透了！"这类的话说出来简直就是在炫耀，这种口吻绝不会用来说："我其实根本不认识字！"这是为什么呢？

公众觉得物理学又难懂又不实用，而且很枯燥，这种看法有失公平。难懂？大概吧。不实用？绝非如此。事实上，当人们试图向公众"推销"物理学的时候，总是提到它可以用于建设桥梁或发射火箭，也就是说，物理学在根本上是工程学和化学的基础。

那么物理学枯燥吗？这么说我们可不同意。在我们看来，问题在于物理学实用的那一面总是掩盖了物理学有趣的那一面。即使从事工程或计算机科学这类技术方面工作的人通常也很难跨越力学和电磁学，接触到真正有趣的东西。真遗憾，实话跟你说吧，最近几年他们没有在滑轮组问题上做过什么前沿的研究。

---

① 我（戈德堡）的太太在读本书草稿时终于向我透露，在我们第一次约会的时候，她好不容易才忍住没说她讨厌物理课。

这种对物理学的敌意似乎已经根深蒂固，跟公众讨论物理学很难不让他们感到厌倦。在和"平民"开始进行科学对话时，我们这些物理学的代言人总感觉自己是在强迫别人吃蔬菜，还得把这事儿说得理所当然。我们讨论物理的时候从没有用"这很好玩！"来作为开场白，而总是说"这很重要！"这一句话当然就把所有的乐趣都赶跑了。

在一个新技术层出不穷的时代，科学素养应该是人人所必须具备的。但从另一方面来说，你没有必要为了弄懂这些东西而多读四年的理工科；你也没有必要为了了解量子计算或宇宙学中的革新而去掌握物理学的具体知识。对你而言更重要的是明白**为什么**这些进展非常重要，将来它们会如何改变技术和我们的生活。

这并不能简单地理解为人们需要去知晓某个理论。物理学是典型的归纳科学，通过理解科学进展是如何产生的，人们才能够就全球变暖、智能设计"理论"等各种议题做出明智的决策。我们希望，别人持异议时，我们能够摆出事实来进行辩论，而不仅仅是一味地说"不"。

美国在科学和数学教育上尤其存在严重的问题，美国高中学生的表现和其他发达国家学生的平均水平相比要逊色得多。但我们绝不能**只是**批评青少年或者他们的老师，或者跟此事相关的"不让一个孩子掉队"之类的项目。

这个问题很广泛，关乎各行各业。它之所以在青少年身上最显著地**表现**出来，是因为我们不会坐下来去问一群50多岁的人这种有关科学的问题："如果你有10只小鸡，你吃掉了其中5只，那么你的胆固醇会升高多少？"看看这种所谓的"实际问题"，你就会发现应用数学的整个前提都是荒谬的。许多年纪更小的孩子会举起手来问："我什么时候才会用到代数呢？"他们觉得学好这门课的唯一好处就是拿高分。

约翰·艾伦·保罗斯在他的一系列优秀著作中描绘了"数盲"这一流行病。在一系列生动的文章中，他讨论了一些学生们通常意识不到的问题，引导读者用批判的眼光去看待数的概念，试图证明（我们认为他成功了）数学是很有趣的，绝不仅仅只有计算账单小费或者保证收支平衡的实际用途。

你自己可能也体会到了，物理学在实际应用和创新突破方面也同样与大众脱节。老师枯燥的力学练习题可能让学生对物理望而生畏，但同样是这些学生，却被科幻小说、报纸上关于重大发现的报道或者哈勃太空望远镜最新的照片所吸引。

但人们却很少关注斜面技术的最新突破等话题。

相反，公众热议的话题往往是关于宇宙的，或者是大型强子对撞机这样的实验，又或者是其他行星上的生命。我们前面说过，如果我们在机场或鸡尾酒会上讨论物理，十有八九拿不到女孩子的电话号码，只能一个人孤零零地打车回家。但还有一成的机会可能有好事发生，这种情况下我们确实进行了**对话**而不是**对质**。有时候我们很幸运地坐在一个在高中时有个伟大的物理老师的人旁边，或者他的叔叔在美国宇航局工作，或者他本人就是一位工程师，并且觉得我们做的事情都挺"奇妙"的。

在这种情况下，进行的对话就大不一样了。似乎每隔一段时间，我们就会撞见一个一直对宇宙运行规律持有疑问，但不知道应该在维基百科中搜索哪个关键词的人。某部最新的《新星》系列纪录片可能间接提到了某个科学问题，而他们很想了解更多。最近常听到的是这些问题：

- 我听说大型强子对撞机会产生微黑洞，会毁灭整个宇宙，这是真的吗？（这进一步证明——如果还需要证明的话——物理学家就是一群"疯子科学家"，整天不干别的，想的就是如何毁灭地球。）
- 时间旅行能实现吗？
- 存在其他的宇宙或平行宇宙吗？
- 如果宇宙在膨胀，它会膨胀到哪里去？
- 如果我以光速飞行，那么我回头看镜子里的自己时会看到什么？

这些问题正是最初让我们觉得物理学很来劲的问题。事实上，上述最后一个问题正是爱因斯坦曾经思考过的，也是他提出狭义相对论的主要动机之一。换句话说，当我们跟人们谈物理的时候，我们发现有些人（尽管非常少）也跟我们一样对同样的物理问题感兴趣。

显然最直接的方法是利用现有的数学和科学教学资源让这些物理问题更加平易近人。为了适应这种需求，大多数教科书作者在封面上印上了火山、火车头或者闪电①，试图让物理学看起来更令人兴奋。作者想当然地以为，学生们看到封面就觉得，"太酷了！物理学真是生动有趣啊！"可惜，我们的经验是学生没那么容易糊弄。否则的话，他们就会去书里找"如何动手制作闪电"这一章了，而当发现书里没有这一章的时候，他们就会越发沮丧。

我们顺带想要指出，本书并没有采用这种方法，你在本书中看不到那些酷酷的插图②，或者其他任何会提高本书印刷成本的东西。我们采取的方法很简单：物理学本身就是很有趣的。你还别不信，这是真的！如果你还没有被说服，那么我们只能郑重地承诺每章里蹩脚的笑话不会少于五个（其中包括讽刺笑话、双关语和搞笑的漫画）。

你只会看到老少咸宜的幽默，比如：

问：光子在棒球场上起什么作用？③
答：产生光波！

就像上面这个笑话一样，本书每章开始会有一张卡通画，其中包括一句糟糕透顶的双关语，以及一个关于宇宙如何运行的问题。在回答这个问题的过程中，我们会带你进行一次与物理内容相关的旅行，到每一章结束的时候，我们希望这个问题已经自然而然地解决了，这时候回过头来再看一遍卡通画，你就会发现它其实很搞笑。我们这么做也是根据人们对科学家的期望

----

① 在某个故意恶搞的封面上，一个保龄球正挟"物理之威"试图把学生们像球瓶一样统统撞倒。
② 虽然至少一位作者认为所有的插图都是诙谐而又传神的。
③ What did the photon do at the ballpark? 这是一句双关语，也可以理解为"光子在活动范围内干什么"。——译注

来的——说话总是拐弯抹角。

这并不是说你必须要成为一位物理学专家才能看懂本书，恰恰相反，我们的目标是在能够欣赏物理学内在美的人和那些宁可被噎死也不愿意靠近量角器的人之间取一个中间水平。

为了不用公式，大多数科普作家通常用类比来进行说明，但问题在于对于读者来说他们并不清楚作者写下的是类比还是对问题的如实描述。舍弃了数学，显然就丢掉了物理学中一些非常关键的要素。我们想传达的是你怎样去**思考**问题，即便你不用那些公式去建立问题。换言之，一旦你理解了问题的本质，这点数学不过是……一点数学罢了。

这些话可能会引来这样的疑问：**你们这些"砖家"到底想让我怎样呢？**在写本书的时候，我们没有预设任何前提，我们讲述的任何一点事实都是最基础的，我们不想用数学或者令人畏惧的公式把读者吓坏。那么，不如我们现在就先把所有用到的公式摆出来：

$$E=mc^2$$

怎么样？这个公式不算太可怕吧？

第一章
狭义相对论

"如果我以光速飞行，那么我回头看镜子里的
自己时会怎么样？"

一个光子遭到严厉盘问，让它回忆过去一百年中发生的事情。

很多人高中时都会有这样的经历：总有那么一小撮学生（大家叫他们"酷哥"）精力旺盛，嘲笑周围所有的事和所有的人。这就是为什么我们总认为自己是"物理酷哥"的原因——如果存在这么个称呼的话。举个例子[①]，我们在前言中嘲弄了某些教科书作者，说他们要用灾难性的自然事件、体育运动或者巨大的火车来"让物理栩栩如生"。我们不是要在这儿翻案，但其中一些笨招数确实会有那么一点点用。

好吧，我们的内心深知得先放一些焰火才能宣布这场物理派对开始。如果你参加过当地商会的独立日庆典，然后打算讲点物理学，你应该注意到焰火发出的炫目闪光和我们听到的爆炸声之间有一些延迟。你先看到了光，几秒钟之后才听到了声音。如果你曾经在音乐会上坐过后排座位，也会有同样的经历：听到的音乐和看到的音乐家的动作之间总有延迟。声音走得快，但光走得更快。

1638年，比萨的伽利略（他可是最早的物理酷哥之一）设计了一种测量光速的方案。这个方案是这样的：伽利略在一个山头上举一盏灯，他的助手带着另一盏灯走到另一个很远的山头上。伽利略看到他的助手打开灯罩，他也打开灯罩；他的助手放下灯罩，他也放下。伽利略希望通过逐渐增加两盏

—————————

① 这个例子可能会让你很难堪。

灯的距离来测出光的速度。虽然这个实验的精度实在有限，但谁也无法指责他所做的尝试，何况他已经得到了很有趣的结论：

假如光速不是无限大的，那么它也一定大得要命。

为了摆脱无聊的约会对象，伽利略想出一个完美的计划。

在接下来的几个世纪中，物理学家们进行了许多更精确的实验，但我们不想让你陷入枯燥的计算，更不想让你去念那些复杂仪器的设计说明。这样说就够了：随着时间的流逝，光的本性逐渐暴露在科学家们的智慧之光下。

目前光速的测量值是299 792 458米／秒。我们不想写这么多数字，所以根据拉丁文celeritas（意思是"迅速"）的拼写，就用字母c来代表光速。你可没法用尺子和煮蛋计时器得到这样的结果。为了测量这么精确的c，你要用以铯133原子驱动的原子钟。科学界定义，1秒为铯133原子在"超精细能级间跃迁"时发出的光完成**整整9 192 631 770个**振荡周期所用的时间。这听起来像是在故作高深，但实际上却大大简化了定义[1]。就像你的帽子尺寸一样，秒是根据某些真实的东西进行定义的。许多科学家都能制造铯原子钟，因为所有铯原子的表现都是一样的，那么每个人读出的时间也都是一样的。

我们已经提出一种创造性的方法来定义秒，但这对于我们测量光速有什么帮助呢？速度是距离与时间的比率，比如"千米／小时"，定义了秒就让我们更进了一步。剩下的事情就是确定米的长度。这看起来好像很简单，因为1米就是1米，拿出米尺来不就有了嘛。但这究竟是多长呢？

在1889年到1983年间，你要是想知道你有多高，就得去法国塞夫勒的国际计量局，走进它的穹顶之下，拿出他们用金属铂制成的米尺（或叫作米原器）来量身高。这样做不但很麻烦（如果你事先没有很礼貌地请求并得到允许，拿出来还是违法的），而且事实上也不完全精确。包括铂在内的大多数物质受热时都会膨胀。在这种旧系统下，1米在天热的时候略长，而在天冷的时候略短。

所以我们废弃了这种实物米尺，利用能测量1秒的钟表，**定义**1米为光在1秒钟内走过距离的1／299 792 458。我们所做的事情其实非常好理解，"我们已经知道光速的**确切数值**，但另一方面，只是米的定义略有一些不确定性"。这个复杂的工作意味着我们能够将秒和米的定义标准化，每个人都可以遵循同样的测量标准。

不过要记住的是，问题的关键是光的速度并不是无限大的。不够震撼？打起精神来，这可是一枚哲学炮弹：由于光速是有限的，所以我们看到的都是过去。在你阅读本书的时候，由于书在你面前30厘米，所以你见到的是十亿分之一秒之前的它；光从太阳到地球要用约8分钟，所以我们的太阳可能在5分钟之前就已经烧完了，但我们还无法知道[2]。当我们看银河系里的群星时，这些星光已经走了几百年甚至几千年，所以很可能的是，我们所见的天

---

[1] 至少，对于了解"超精细能级间的跃迁"的科学家来说是大大简化了。你不需要知道这个名词是什么意思，这又不是考试。

[2] 至少，在接下来的180秒内不会知道。

上的某些星星已经不存在了。

 ## 为什么你无法判断雾中的船走得多快？

在任何实验中都不曾产生过比光速还快的粒子[①]。宇宙对速度的限制看来是我们无法摆脱的，即使我们想摆脱也不行。恒定不变的光速只是这道终将成为史上最精美的物理菜肴所必需的两大食材之一。关于第二种食材，我们需要思考一下，运动究竟是什么。

这里我们要介绍一下邋遢哥，他是一位沿着铁路流浪的物理学家。由于他的卫生状况不合乎社会上奉行的唯一标准，所以他遭到了放逐。邋遢哥设法从国际计量局"借"出了铂制米尺（虽然它并不完美，但对于流浪汉来说已经**相当好**啦），他还用一堆铯原子造了一台原子钟。

他每天打发时光的方式就是在火车里扔铺盖卷[②]。每扔一次，他就记下扔出的距离以及铺盖卷走过这段距离所用的时间。因为速度是距离与这段时间的比值（千米／小时），邋遢哥就能够很精确地计算出他的铺盖卷的速度。

这么扔了一天之后邋遢哥很疲倦，于是倒头就睡了，过了很久他在他专属的运货车厢里醒来。因为运货车厢没有窗户，火车又在光滑的轨道上运行，直到他拉开车门的时候，才发现火车在开动。可能你已经发现了，有时候坐在汽车里，如果你不朝窗外看就无法判断车是不是在动。

还有些事情，可能你根本没有注意到。如果你站在赤道上，实际上你正相对于地球中心以超过1600千米／小时的速度运动。还有更快的，地球围绕太阳运动的速度超过10万千米／小时，太阳相对于我们的银河系中心运动的速度约为80万千米／小时，而银河系在太空中运动的速度超过160万千米／小时。

[①] 如果你很熟悉科幻小说，你可能听说过一种假想的粒子，叫作快子，它是**仅有的**速度大于光速的粒子。但人们还没有探测到它的存在。我们要讨论的是真实的粒子（而不是数学模型），快子仅存在于科幻小说中，因此不是我们要讨论的对象。

[②] 提醒一下，流浪汉肩挑的铺盖卷就是那种一头挂着圆点花样麻布袋的长棍。

你（或邋遢哥）没有注意到火车（地球、太阳或银河系）正在运动的关键原因是，不管它们跑得多快，它们的运动都是（近似的）匀速直线运动。

伽利略以此作为地球正在绕太阳运动的论据，但当时大多数人还认为如果地球围绕太阳飞奔的话，我们就会**感觉**到这种运动，因而坚信地球肯定是静止不动的。

伽利略对此的评价是："胡说八道！"他将地球运动与平静的海上的航船进行比较。在这样的环境下，船舱内的水手无法判断船是在前进还是停下来了。这个原则后来被称为"伽利略相对性"（请不要跟我们后面马上要谈到的爱因斯坦的狭义相对论相混淆）。

根据伽利略（以及艾萨克·牛顿、爱因斯坦）的观点，毫不夸张地说，你在一辆匀速运动的火车上做实验和在一辆静止的火车上做实验的结果是完全一样的。回想一下，你全家驾车出游的时候，你跟弟弟在车里玩扔芥末酱包的游戏，你父母会警告说："再不老实就掉头回家！"即使车速达到90千米／小时，你扔芥末酱包的感觉跟车子停着的时候也是完全一样的。不管你接受不接受，任何物理实验都不能区分这两种情况。从另一方面来说，这一点也只有当汽车、火车、地球、银河系的速度和方向保持不变（或几乎保持不变）时才成立。当你父母信守承诺猛踩刹车的时候，你一定能感觉到汽车在运动。

所以，邋遢哥从美梦中醒来，又开始玩起了扔铺盖卷的实验游戏。这时候他还不知道火车正以15千米／小时的速度匀速前进。他在车厢一头站定，扔出了铺盖卷并测到速度为5千米／小时。这时候他的一位朋友，同为流浪物理学家的补丁哥，正站在车外，决定也参与这个实验。这位流浪汉用他特制的X射线透视镜看穿了车厢墙壁，他也测量了邋遢哥扔铺盖卷的速度，从补丁哥的角度看，铺盖卷的速度是约20千米／小时（即火车运动速度15千米／小时，再加上铺盖卷的速度5千米／小时）。

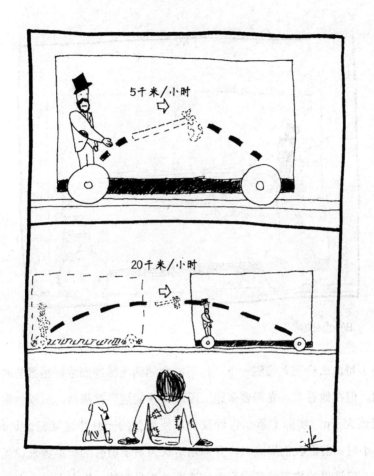

那么究竟谁是对的？铺盖卷的速度是5千米／小时还是20千米／小时？嗯，两个都是对的，我们说它**相对于补丁哥**的速度是20千米／小时，**相对于邋遢哥**的速度是5千米／小时。

现在让我们想象这趟火车上有一个高科技实验室，里面有一台激光器（激光的速度当然也是光速c）。邋遢哥在火车一头操控激光器，另一头是一个打开的焗豆罐头。如果邋遢哥打开激光器放出一个短脉冲（显然是为了加热这罐焗豆），并测量豆子什么时候开始发热，就能计算出激光的速度，他会发现得到的结果是c。

B(mc^2)ANS[1]

补丁哥怎么样呢？推测一下，他可能会测到光脉冲到达探测器的时间是一样的。但在他看来，光需要多跑一段距离才能达到探测器，所以他测到的速度应该大于c。实际上常识告诉我们，他测到的光脉冲速度应该是c＋15千米／小时。前面我们提到过，爱因斯坦认为对于所有的观察者来说光速都是常数，但这里的推理结果中光束的速度并不是常数。根本不对！那么伟大的爱因斯坦弄错了吗？[2]

本书开头还不到15页，我们已经打破了物理定律。这简直比参加派对时发现自己跟女主人撞衫了还要尴尬。看来我们搞砸了。除非我们能找到某个固执的科学家，找到某个具体的例子再次让光速为常数的概念生效。

真巧，我们真有这样一位科学家。他的名字是阿尔伯特·迈克尔逊，他热爱光学的方式在今天可能被看作是"狂热的"，"已经走火入魔了"。

---

① 作者以公式"E=mc²"替换了豆子"BEANS"中的"E"。——译注

② 不是的，至少爱因斯坦不是在这里弄错了。不过他确实错过不止两次，我们将在第三章和第六章谈到。

1881年，他从海军退役后开始了科学生涯。一开始他自己一个人测量光速，在柏林、波茨坦和加拿大进行研究，后来遇见了爱德华·莫雷。这两个人一起制造出了用于测量光速的更精密的仪器，成为这一行首屈一指的实验家，就像连续六周登顶金曲榜的《忧郁河上的桥》一样。

他们设计的仪器基于这样的前提：既然地球每年绕太阳一周，那么在一年的不同季节，实验室在太空中运动的方向也是不一样的。迈克尔逊设计了"干涉仪"来测量光速在不同方向上是否有变化。你的直觉应该告诉你，既然地球轨道方向变了，c值当然也变了。

可惜你的直觉错了。迈克尔逊和莫雷经过一次又一次实验，发现不管朝哪个方向运动，光速在任何地方都是一样的。

这在1887年可是一个重大的难题，并且由于某种不为人知的原因，只有光才表现出这样的行为，于是这个结果颠覆了人们之前的既有观念。如果你正在骑自行车，迎面冲过来一头发怒的奶牛，那么你继续向它骑或是赶紧掉头躲开这头愤怒的动物，那效果是完全不一样的。但是，无论你是跑向光源，还是逃离光源，光的速度总是c。

再直接一点儿说吧（趁你还没搞明白这个奇怪的现象），如果你用一台高科技测量仪器测量激光，你会发现光子（组成光的粒子）从激光器中出来的速度约为3亿米/秒。如果你驾驶着一架透明的宇宙飞船，以一半的光速（1.5亿米/秒）远离一台激光器，有人用这台激光器朝你飞船上的探测器发射激光，你测到激光束的速度仍然是c。

这怎么可能呢？

为了解释这一点，我们必须仔细了解一下物理学的英雄、"光学重量级竞赛"[1]冠军：阿尔伯特·爱因斯坦。

---

[1] 'Light'-Weight Champion也可以从字面理解为"轻量"级竞赛的冠军。——译注

如果你跟光束一起跑，光束的速度是多少？

1905年爱因斯坦第一次提出他的狭义相对论时，他做了两个简单的假设：

1. 与伽利略一样，他假定你以恒定的速度向同一方向旅行，那么无论你做什么实验，其结果都和你在静止的位置上做这一实验的结果一模一样。

   （哦，可能有点不一样。我们的律师建议我们指出引力会使物体加速，只有在没有重力加速度时狭义相对论才成立。有的修正必须把引力也考虑进来，但在这里我们可以放心地忽略它。地球上的引力所需要的修正，相对于黑洞边缘是非常非常小的。在黑洞周围则必须要进行修正才算得上正确的物理。）

2. 与牛顿不同的是，爱因斯坦假定在真空中所有的观测者测量到的光速都是一样的，并且与观测者的运动状态无关。

在我们的流浪汉的实验中，邋遢哥扔铺盖卷，通过车厢的长度除以它被扔到另一边的时间，得到它的速度。坐在铁道旁边的补丁哥观测火车和铺盖卷的速度，他看到在同样的时间里，铺盖卷扔得更远（即车厢长度加上车厢相对地面移动的距离），所以他看到的铺盖卷运动速度要比邋遢哥看到的更快。

不过现在我们要把铺盖卷换成激光笔。如果爱因斯坦是正确的（比他还早大约20年的迈克尔逊—莫雷实验的确证明他是对的），那么邋遢哥应该测量到激光速度为c，补丁哥测量到的速度应该也**完全是一样的**。

大多数物理学家都毫不犹豫地相信c是个常数，用c表示是为了让大家都方便。作为一种拓展利用的形式，物理学家们谈到距离时常常根据光在特定的时间内经过的距离来描述。比如，"光秒"约是30万千米，差不多是到月球距离的一半，这就是光在1秒钟内走过的距离。天文学家更常用"光年"这个单位，即约9.46万亿千米，这大约是太阳与最近的恒星之间距离的四分之一。

让我们把前面的例子变得更加具有奇幻色彩，给我们的流浪物理学家一辆星际大货车。这辆货车长1光秒，不像以前只能伸懒腰打瞌睡，邋遢哥现在有足够的空间玩他的激光实验了。他从车厢后面打开激光笔，根据他的估算，激光穿过车厢需要1秒钟。这是肯定的，因为光是以光速传播的呀。（废话！）

但补丁哥观察了运动车厢中的光束之后（正确地）说，当光束前进时，车头也向前运动了一段距离，所以，在补丁哥看来，光束走过的距离比邋遢哥估计的更远。事实上他发现光束总共走了1.5光秒的距离。因为光总是以光速运动，补丁哥发现从激光器到目的地，光脉冲要花1.5秒的时间。

我们把话说清楚：邋遢哥说的是一系列事件（脉冲射出，随后击中目标）花了1秒钟，而补丁哥认为同一系列事件花了更长的时间。他们都进行了

完美的观察，两人又都是星际流浪物理学家，两个人的测量都很精确。那么谁才是对的呢？

两个人都是对的。[1]

别不信，事实确实如此。如果在邋遢哥和补丁哥看来光速是一样的，那么补丁哥**必然**发现他自己的时钟快了，或者邋遢哥的时钟走得慢了，这样才能解释他看到的一切。最诡异的事情就在于，邋遢哥车上的每个时钟都慢了。补丁哥看到，车上的钟摆慢了，车壁上的挂钟走得慢了，甚至（如果他能测量的话）连邋遢哥的心跳也比平时慢了！

这种现象是普遍存在的。只要你看到某个人比你的速度快，你就会发现他们的时钟比你的慢，只是你的手表不够精确，无法证明这一点。如果你抬头发现一架飞机正以900千米/小时的速度飞行，而你竟然视力敏锐到足以看清机长的手表，你会发现她的手表比你的表走得慢，但只慢了十万亿分之一！换言之，如果机长飞了100年，她才差不多慢了1秒钟。所以即使这种效应（称为"时间延迟"）总是存在，事实上在日常生活中你从来不会注意到它。

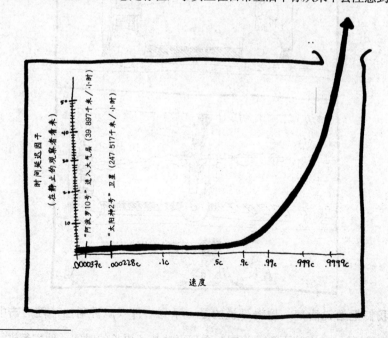

当你的速度接近光速时，时间延迟效应才真正显现出来。我们不打算在这里写出具体的公式，不过我们保证这里的计算都是正确的。假如火车的速度达到光速的一半，那么邋遢哥的钟表每过1秒，补丁哥的时钟就过了1.15秒。速度达到光速的90%的话，对于邋遢哥的每1秒，补丁哥将会测到2.3秒。在99%光速的情况下，这个比率将达到1比7。而且随着速度越来越接近光速，这个数值将越来越大。[①]当火车达到光速c时，时间延迟因子将变成无限大，这是我们得到的第一个暗示，表明你的速度实际上不可能达到光速。

并非只有时间发生变化，空间也是如此。让我们想象邋遢哥沿着轨道以几分之一光速朝一个换乘站前进，而补丁哥正打算在这个站上睡觉。根据邋遢哥的估测，他走过这段距离所用的时间比补丁哥估测的时间要少。既然他们都同意火车是以同样的速度靠近车站，邋遢哥必然认为到达车站的总距离更短。

时间和空间确实是与你的运动状态相关的。这并不是光学幻象，也不是心理印象，这确确实实就是宇宙运作的方式。

如果你乘坐太空船以接近光速的速度去旅行，回来时会发生什么可怕的事情？

你可能觉得这样的例子无法引起你的好奇心，不过科学家们已经对这种现象做了更为有趣的研究。在研究宇宙时，毫不起眼的μ子会告诉我们一些非同寻常的事情。你没听说过它吗？这不怪你。如果你拥有一个μ子的话，你最好珍惜你们俩在一起的时间，因为平均来说，它们只能存在约百万分之一秒（在这段时间里，光束只能走0.8千米，比选秀歌手过气得还快），随后它们就衰变成其他完全不一样的粒子了。

---

① 在这种情况下，邋遢哥走下车厢时，可能真的就会发现一个到处都是超级聪明，但很肮脏、可恶的猿猴的世界。

考虑到它们的产生机制以及它们存在的时间，我们周围的μ子其实并不是很多。宇宙射线轰击高空大气时会产生一种叫作π介子的粒子（其存在时间更短），然后π介子就衰变成μ子。这一切均发生在地球表面十几千米之上。但是，因为没有什么东西的速度能超过光速，你可能觉得μ子在衰变前最远也走不了半英里，所以没有μ子能够抵达地面吧。

你的直觉又一次错了。[①] μ子具有很高的能量，大部分速度高达光速的99.999%，这就意味着对于在地面上的我们而言，μ子内部的"时钟"（它决定了μ子何时衰变）运行要慢上约200倍。所以μ子并不会在0.8千米内衰变，而是在衰变前足以走完一百多千米，从而能够非常轻易地到达地面。

这一场景如果用所谓的"孪生子佯谬"来讨论就更容易理解了。假设有一对孪生姐妹艾米莉和邦妮，她们都是30岁。艾米莉决定出发去一个遥远的恒星系统，她乘上太空船，以99%的光速飞行。一年后她觉得有点孤单无聊，就又以99%光速回到了地球。

但在邦妮看来，艾米莉的时钟（手表、心跳等所有的一切）都变得慢了。艾米莉不是离开2年，而是整整14年！不管你怎么看这件事，它都是事实。邦妮这时已经44岁了，而艾米莉才32岁。你甚至可以认为，以接近光速旅行实际上就是一种时光机器，只是它只能到达未来而不能回到过去。

当然还有其他更微妙的效应。比如，既然艾米莉离开地球以接近光速旅行了7年（在邦妮看来），她在掉头返回之前，肯定已经走了7光年远，这时候她已经快到沃尔夫359星了，这颗恒星是离太阳最近的第五颗恒星。但在艾米莉看来，她知道她旅行的速度不会比光更快，所以在她旅行的1年里，她认为自己走过的距离仅仅是1光年的99%。换言之，在她的旅行过程中，她测量的太阳到沃尔夫359星的距离只有1光年。

这种效应被称为"尺度收缩"。和时间延迟一样，尺度收缩也不是光学幻象。在艾米莉以99%光速旅行时，她测量到在她的运动方向上所有的一

———————————

[①] 你把这本书当作鼓励奖奖品带回家的时候，除非有人偷偷地从身后看这本书，否则没有人知道你猜错啦！

切都变成了原来的1 / 7。地球就像挤扁了一样，邦妮看起来像电线杆子一样瘦，但身高并没有变。

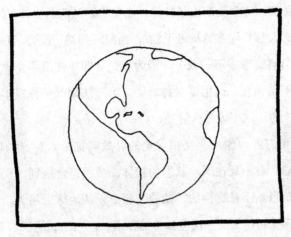

地球：正常视图

地球：如果你看到的不是一个圆，
那是因为你看得太快了。

与时间延迟一样，我们在日常生活中不会注意到这种效应。如果我们的飞行员朋友从飞机上往下看，街道可能会比平常显得略有些窄，但就算是以1000千米 / 小时的速度飞行，其差别也只是原子大小的万分之四。显然，虽然相对论对于解释奇异而有趣的高速现象很有用，但对减肥来说还不如健康饮食和体育锻炼来得有效。

不论是邦妮看艾米莉，还是艾米莉看邦妮，时间延迟和尺度收缩似乎都**应该**是对称的。这里就产生了悖论。当艾米莉从沃尔夫359星旅行回来走出飞船时，所有人都会同意她只老了2岁，而同时邦妮已经老了14岁。这跟我们刚刚告诉你的事情似乎**不一致**了，因为我们立即就知道那个"运动"的人是艾米莉，而不是邦妮，而根据对称原则，第一法则就是你根本无法判断谁在运动谁是静止的。这下该怎么解释？

前面我们告诉你，狭义相对论的有效前提是，你必须以同一速度向同一方向运动。对于处在运动状态的物体，必须符合规则，狭义相对论才能成立。艾米莉当然不是这样的。她的飞船必须从地球上起飞，开始加速（在此期间她会感受到巨大的加速度和力的作用）；当她到达沃尔夫359星时，她又需要减速，调转方向，回到地球时也同样需要减速才能着陆。

因为这些加速度的存在，条件已经改变了。这样我们就需要一个更加复杂的理论才能来讨论这些事情。我们稍微回顾一下历史就能发现，爱因斯坦在1905年就提出了狭义相对论（不存在加速度），但直到1916年才得到正确的广义相对论（其中包括了引力和其他形式的加速度）。

你能够达到光速（并且回头在镜子里看到自己）吗？

我们已经偏离原来的问题太远了，真是不好意思，因为这是一个好问题——真的很好，实际上爱因斯坦也曾就这个问题问过自己。但你可能会觉得，比起之前的描述，我们仍没有接近这个问题的答案。

非也！非也！[①]

我们的解答实际上有两部分，其中之一你已经准备好答案了（在前面的某个地方）。回想一下在车厢里的邋遢哥。现在想象他所在的火车在以90%

[①] 不要换台！

光速前进（你想用别的速度也行）。但邋遢哥并不知道周围发生的事情，因为他正忙着为与蹩脚女演员丽尔的约会而梳洗打扮。当邋遢哥凝视着镜子中自己英俊的脸时，他是否看到哪里不对劲了？没有。既然车厢没有窗户，他又正在平直光滑的铁轨上前进，他不可能做任何实验来证明他是运动的而不是静止的。只要镜子与邋遢哥一同运动，他看到的影像就和他在火车下看到的一模一样。

只要邋遢哥旅行的速度小于光速，这一切就都是成立的。但要是他以光速前进呢？我们知道，我们知道，我们已经说过没有任何东西能够以光速运动，所以可能你把这些话当真了。可你为什么要当真呢？

让我们举例来说明。补丁哥在火车下盯着邋遢哥准备约会，心里嫉妒邋遢哥的女人缘。当然，他的注意力必须非常敏锐，因为邋遢哥的火车正在以90%的光速飞驰。邋遢哥乐极生悲了，他接到丽尔给他打的电话（电话怎么来的我们就不问了），约会取消了。虽然丽尔说得很委婉，可邋遢哥还是很沮丧，他捡起车厢里尚带着余温的豆子罐头，猛地（相对于他自己）以90%光速把它朝车厢前壁砸了过去。

补丁哥可能幸灾乐祸、乐不可支了，可他仍没有分心过度，还是留意到了从他的角度来看豆子罐头飞行的速度。要是他还是个幼稚的青年，他可能会以为这些豆子正在以1.8倍光速飞行——火车速度（0.9倍光速）加上豆子在火车里的速度（0.9倍光速）。可他早已摆脱那种愚蠢了。

要记住两个事实：

1. 他看到邋遢哥的时钟走得很慢（本例中，是2.3倍）。
2. 他看到邋遢哥的火车长度被压缩了（本例中，是1 / 2.3）。

具体的细节当然不重要，但在补丁哥看来重要的是：

1. 豆子从邋遢哥手中飞出到墙上所用的时间比邋遢哥声称的时间要长得多。

2. 豆子飞过的距离并没有邋遢哥声称的那么远。

也就是说，豆子飞行的速度比我们（和补丁哥）原本幼稚的猜测要慢得多。它并不是1.8倍光速，而仅仅略微快了一点儿，是光速的99.44%。

我们可以无限地推进这个游戏。比如，想象在罐头上坐着一只蚂蚁。这只蚂蚁把这里当成了它的殖民地，在等待一只蚁后来开展它们的宏伟规划，可蚁后打电话来说它要留在家里清理自己的胸。在愤怒之中，蚂蚁抓起一块食物，以0.9倍光速（从它的视角看）朝火车前部扔过去。补丁哥拥有令人难以置信的敏锐视力，看到这块食物以光速的99.97%向前飞去。

继续想象，要是在这块食物上住着一只阿米巴虫，它一直在无性繁殖，但它坚持要约会……你自己想象吧。

无论我们多么努力地尝试，无论我们增加多少动力，我们都不能把任何东西加速到光速，而只能接近，接近，再接近光速。

把物体加速，越来越快，越接近光速也就需要做越多的功。看起来把物体加速到99%光速与50%光速相比好像只需要多做一倍的功，其实要多做五倍的功才行。而要达到99.9%光速与达到99%光速相比要多做两倍多的功。

那么现在我们就能逐步回答16岁的爱因斯坦①提出的这个问题了：要是你以99%光速旅行，在镜子里看到的你会发生什么？什么都不会发生，或者说至少不会发生什么不同寻常的事情。你的太空飞船看起来很正常，你房间里的钟表走得也很正常。你的马克杯也丝毫没有改变。你可能会注意到的唯一发生改变的是，你那些留在地球上的朋友的心跳、钟表、美女日历牌以及其他任何种类的计时器走的速度都仅仅是原来的1 / 7。还有，由于某种原因，它们看起来都以同样的比例被挤扁了。

我们可以更进一步发问，对于以99.9%光速旅行的人来说，有没有什么不对劲。这种情况下，时间延迟和尺度收缩的比例更大一些（是1 / 22，而不是1 / 7），但其他一切都照旧正常。

---

① 当然，这可能只是16岁的爱因斯坦提出的许多问题之一。孩子们在这个年龄总是非常好奇的。

这里的问题在于，每一次的速度虽然都非常非常接近光速，但仍低于光速。任何一点点的速度增量都需要越来越多的能量，可是，实际要达到光速c将会需要无限多的能量。不是"很多"，注意，是"无限多"！

可能你对此并不满意。**假如**你能够通过某种方式以光速运动（暂时不管它实际上是不可能的），从你脸上反射出的光将永远无法到达镜子，因此，你就会像小说里的吸血鬼一样无法看到自己的影像。不过且慢！恰恰是你无法看到自己的影像这个事实，将十分清楚地表明你正在以光速运动。不过我们已经证明过没有人能够判断他们是否是在运动中的那一个，这也就表明你不能达到光速。

相对论意味着能够把原子变成无穷的能量吗？

所有这些关于时钟、尺子和光速的事情本身已经足够有意思了，但当（假如）你想起相对论时，这可能并不是你首先想到的东西。你想到的当然会是物理学中最为著名的方程式（也是本书我们唯一明确写出来的方程式）：

$$E=mc^2$$

它写出来非常简单，而且现在，你对于其中一项更加熟悉了：c，光速。

左边的"E"代表能量，我们稍后会讨论质量怎么转换为能量。但现在，我们先聚焦另一项，字母"m"，它代表质量。

你可能认为质量是用来测量一个物体的"大小"，但对物理学家来说，质量只是表示要让物体动起来的困难程度以及要让运动物体停下来的困难程度。要是邋遢哥和火车同样是以10千米／小时的速度冲过来，阻止邋遢哥可要比阻止火车容易太多了。

但我们已经注意到关于有效能量的有趣的性质，比如在豆子罐头那个例子中。我们发现随着罐头的速度越来越快，再加速一点点所需要的功也会越来越多。换言之，豆子和罐头显得越来越重（也就是，越来越难动起来）。而且，我们已经观察到，要是你一意孤行要把罐子的速度增加到光速，最终你需要做无限多的功来提高罐子的速度。

换一种说法，随着动能的增加，**惯性质量**也随之增加；也就是说，罐子里包含的物质并没有增加，但它的行为看起来就像是装进了更多物质。但即使罐子的速度降低到零，也就是说没有动能，罐子的惯性质量也不会消失。如果罐子和豆子是完全静止的，它们还是具有一定量的能量，对应于惯性质量的**最小值**。随着能量的增加，惯性质量也只会从最小值开始相应增加。

爱因斯坦这个著名的方程实际上是质量和能量的转换公式。

这个公式有太多有趣的应用，我们一生中的每一天每一秒实际上都见到了它的影响，那就是阳光。但是，虽然爱因斯坦的理论有看起来很成功的应用，我们的流行观念还是受到了巨大的冲击，特别是对于那些不理解这个公式的人。

作为一名在职的科学家，本书受人尊敬的作者之一（戈德堡）经常收到一些人的手稿，宣称他们有个理论将会推翻我们已知现有的科学体系，而且十之八九的理论主旨是说爱因斯坦的伟大方程是错的，他的论证有错误，或者数学上存在其他解释等。这种现象太普遍了（而且这样的信源源不断），在爱因斯坦第一次推导出这个公式100周年之际，美国国家公共电台的《美国生活》节目讲述了一个故事，有人试图（当然失败了）证明"E不等于m乘c的平方"。

为什么这么一个简单的变换公式有如此大的魅力呢？其中一个原因是这个方程看起来太简单了。方程里没有陌生的符号，大多数人都能理解方程中每一项的实际意义。从这个意义上说，这个方程**确实**简单。它就像在说："我要用手里的**物质**买能量，你看能换多少呢？"

答案是："非常多。"理由我们已经知道，c是个很大的数，我们又要用c的平方再乘以质量才能够计算出释放出来的能量。

让我们从一个小例子开始。假定你有约2克元素"嘭"，这是我们刚"发明"的物质，就给它起这个名字吧。这2克元素比1角硬币的重量都要轻一些，而你以某种方式把它全转化为能量，假如这是可能的（我们确信你办不到），你就能够得到大约180万亿焦耳的能量。很难对此有直观的感受吧？没问题，我告诉你这些能量相当于：

1. 5万多只100瓦的灯泡点亮1年。
2. 超过印第安纳州特雷霍特城所有居民（57 259人）一年的卡路里消耗量。
3. 大约5000吨煤炭或530万升汽油所能输出的能量。假如合伙搭乘汽车的话，这些能量足以把特雷霍特城的所有人从纽约送到加利福尼亚。不过搞不懂你为什么要这么做。

作为对比，2克煤炭正常产生的能量只能够把1只灯泡点亮约1小时。

就像大多数人一样，物质通常也不能充分发挥其潜力。除非我们把物质撞向反物质（我们后面再谈它），那就什么都不剩下，所有质量都变成能量了。所以，在你急着要用$E=mc^2$计算石油里蕴藏的能量之前，把持住啊。

"根据我的计算，你还有足够的能量！"

爱因斯坦这个著名的方程式最著名的结果就是发展出了核武器和核电站，从而改变了世界。需要重点认识的是，在大多数核反应中，我们仅仅把总质量的一小部分转变成了能量。我们的太阳是一个巨大的热核发电机，把氢转化为氦。其中的基本反应就是把4个氢原子转变成为1个氦原子——以及一些废品，包括中微子、正电子，当然还有以光和热的形式存在的能量。这对于我们是福音，因为太阳产生的能量以光的形式释放，温暖了地球表面，给海藻和植被提供了能量，最终维持了我们赖以生存的生态系统。

不过，太阳并不如我们的"嘭"元素那么高效。太阳每"燃烧"[①]1千克氢元素，我们得到993克氦元素，这意味着仅有7克质量转化为了能量。不过我们已经看到了，一丁点儿质量就能够产生大量能量。

大多数质能转化的例子都是把质量转化为能量，而不是反过来，这些例子中包括了很多可怕的东西：核弹、核电厂和放射性衰变。在这些例子中，一次高能碰撞或一次随机衰变都会使少量的物质转化为大量的能量。为什么放射性物质如此可怕？因为即使只是一次衰变所产生的能量也会形成一个极其高能的光子，只要给它半分机会，它就足以对你的细胞造成严重伤害。

在极早期宇宙中，更为常见的例子是能量转换为质量，不过这种情况已几乎不再发生了。那时候的温度高达几十亿度，从相互碰撞的光子中产生了物质。听起来很神奇吧？情况确实如此。这就是第七章我们将会再讨论它的原因。

---

① 物理学家会指出核反应其实并不是真正的燃烧。燃烧是一种化学过程，而不是核过程，需要氧气来支撑。我们这伙人就是喜欢卖弄学问。

物理学家排行榜：谁是现代最伟大的物理学家？

前五名

我们时常卷入一些愚蠢的讨论中，比如"《星际迷航》里的柯克和皮卡德谁更棒"或者"谁是最伟大的物理学家"。对于前一个问题，只要你不是ylntagha①，答案应该是很明显的；而后一个答案就很含糊了。在我们看来，最伟大的物理学家应该是那些有相当重要的成果以他们的名字来命名的物理学家——即使还有其他人独立提出也算。有时候，一些伟大的思想家并没有获得他们应得的荣誉（我们想念您，特斯拉先生），但为了我们的名单少些争议，只好算他们倒霉了。而且，因为我们想保持新鲜感，恐怕那些在1900年之前做出他们最好工作的人也只好排除在外了。最后，我们相信还是有很多物理学家不会完全同意我们的名单，对于他们，我们很礼貌地建议他们自己再写一本书。

1. 阿尔伯特·爱因斯坦（1879—1955）：1921年获诺贝尔奖

我们就不必对他做太多评价了吧？他创立了相对论，包括狭义相对论（本章）和广义相对论（第五、六章），都是他一手发明的。他毫无争议地证明了光是粒子（第二章），而且虽然他从未真正地相信量子力学，但他仍是量子力学的创立者之一。他的名字几乎是"天才"的同义词，而且（我们必须面对这个事实）他是唯一一位我们能认出脸的物理学家。

2. 理查德·费曼（1918—1988）：1965年获诺贝尔奖

费曼思想深刻，他是几乎所有年轻物理学家的偶像。他开创了量子电动力学领域，用量子力学来解释电现象（第四章），证明粒子和场实际上同时经过每个可能的路径（第二章）。他还被公认为"伟大的讲解员"，本书中我们有好几个例子就是无耻地从《费曼物理学讲义》中偷来的（不过注明出处了）。

---

① 这个词是克林贡语"傻瓜"的意思。请各路好汉不要抢我们的饭碗。

3. 尼尔斯·玻尔（1885—1962）：1922年获诺贝尔奖

稍后你就要读到第二章了，它是关于量子力学的。你会爱上它的！大约在第二章的中段，我们会讲到今天量子力学的标准观点，即所谓的"哥本哈根解释"。我们给你三次机会猜猜玻尔是哪里人。除了确定我们现代世界的图景，玻尔还第一个给出了原子的实际图像，并证明你不能用过去的方式对待原子，因为原子的状态是"量子化"的。

4. P. A. M. 狄拉克（1902—1984）：1933年获诺贝尔奖

狄拉克这种人能够写出一大串方程，他从中得到了某种看起来并非物理的东西，但他确信"上帝是用美丽的数学创造了世界"，因此无论如何都坚信这些方程肯定是正确的。他差不多就是用这样的方式，在人们发现反物质之前4年就预言了反物质的存在。

5. 维纳·海森堡（1901—1976）：1932年获诺贝尔奖

当海森堡获得诺贝尔奖时，他的获奖理由是："创造了量子力学，除此之外，其应用引发了氢的同素异形体的发现。"不过实际上并不是海森堡发明了量子力学，但他对此贡献极大，并提出了"海森堡不确定性原理"。更多内容请见第二章。

第二章
量子怪象

"薛定谔的猫到底是死的还是活的？"

量子力学

如果你和我们一样，狠狠鄙视权威，唯有对生活爱得深沉，从不听命行事，也绝不受信仰的摆布。那么，我们理解你的处境，因为我们自己也是不合群的人和持异议者。这就是为什么在你问到宇宙是如何运转的时候，我们不愿回答"因为我们就这么说"的原因。相反，我们尽可能利用你的日常经验和常识来在正确的方向上引导你。

然而对量子力学我们可不能这么干。如果你从常识出发，就会越来越糊涂，虽然你自己不这么觉得。就像格林童话里的《糖果屋》一样，你可能会被明亮的色彩和浅显的答案所吸引，走上那条简单的路。请把我们当成标记用的面包屑，我们会带你走上理解量子怪象的正确道路。当然，请你自动忽略我们被那些饥饿的鸟儿吃了的情节。

你冷笑道："量子力学到底有什么奇怪的？"我们知道你见多识广，几乎没有什么能把你难住，所以我猜你应该不介意做一个小小的突击测验。①

① 如果你低头看到自己只穿了睡衣，那么有一种可能是你又梦回课堂了。

一个古老的经典直觉测试

请如实回答"是"或"否"。如果你已经对量子世界略知一二，那么请别假装本能地接受这些悖论。

问题：

1. 你接受罗伯特·弗罗斯特在《未选择的路》中的观点吗？

    黄色的树林里分出两条路

    可惜作为一名旅行者

    我不能同时涉足……

2. 思考一下哈姆雷特的两难境地："生存还是死亡。"你真的得从这两个选项中选择一个吗？

3. 森林里一棵树倒下，会发出声响吗？

解答：

如果你对这些问题的回答都是肯定的，那么恭喜你！你非常适合生存在经典的世界中。

假定你通过了这场测试，那么你一定很适应我们所在的这个世界的生活。艾萨克·牛顿爵士（以及他的继任者）靠着经典直觉帮助我们制造了火车、汽车，甚至宇宙飞船。除非你自己就是设计微型芯片的，否则我敢打赌你的日常生活中几乎所有的行动也都属于经典方式。

但是世界的面纱之下还隐藏着你没有注意到的东西，如果你看得足够仔细，就会发现物理世界**真的**是由量子力学的微观规律支配的。我们希望能深入地讨论一点儿细节，但是至少我们得先解释这些名词。"量子"一方面描述了如下的现象：如果我们观测电子或者其他粒子的能量，它们的值会和以前完全不同。就好比你只能买一个40、60或者100瓦的灯泡（而买不到93瓦的），微观世界中的能量只能（或者说**不得不**）处于"量子化"的状态。另一方面，"量子"来自于这样的事实：我们有时候说所有的空间都是被某种东西充满的，比如电场，但如果我们想从细节上研究它，就会发现它可以被分解成一个个单独的粒子。

那么"力学"部分呢？这两个字只不过起一种补全作用。

为了帮助我们阐述观点，我们花上一点时间邀请了两个人物来概括量子怪象的本质：亨利·杰克博士和爱德华·海德先生[①]。杰克博士是一个善良、和蔼、有良好教养的人；而海德先生简直是个野兽，就像连环杀手和天天唱卡拉OK的人一样，十分令人厌恶。

当然，你应该知道关于杰克博士和海德先生的一些事：他们二人并不是互相排斥的。海德先生是杰克博士内心的一个丑陋不堪的、怪诞的离经叛道者，经常会跳出来制造麻烦搞破坏[②]。他在心情不好的时候，或者一些特定的时间，随时可以一下子把温文尔雅的杰克博士变成暴怒的反社会分子。

来看看事情会怎么发展吧，我们首先跟踪一下杰克博士。刚刚下了一场大雪，他出来散步，享受十二月清新的空气。杰克来到一个缺了块木板的白色栅栏前。出于乐天的性格和喜欢无伤大雅的恶作剧，他退后几步，开始往栅栏扔雪球。许多雪球击中了栅栏（反正他是一个科学家，扔雪球的目的就不写了吧），但有一些穿过了栅栏的缺口，飞到一定距离以外的房子那里去了。结果和你想象的一样简单，雪球的残骸在房子上形成一条鲜明的垂直雪线。

杰克不满足于这个无趣的结果，他又窜到一处少了**两块**木板的栅栏前，栅栏上有两条不同的间隙。他又一次开始掷雪球，伴随着"砰！啪！"的响声，有些雪球穿过了左边的缝，有些穿过了右边的缝，有的雪球又击中了栅

---

① 亨利·杰克和爱德华·海德出自罗伯特·路易斯·史蒂文森的名作《化身博士》，讲述了体面绅士亨利·杰克博士喝下自己配制的药剂化身邪恶的海德先生的故事。书中人物杰克和海德善恶截然不同的性格让人印象深刻，因此，后来"Jekyll and Hyde"成为心理学"双重人格"的代称。此书曾多次被改编为音乐剧、电影等。——译注

② 就像舞会前的青春痘。

栏。再看看前方房子的墙上，有两条几乎笔直的雪线。我们可以相当确定地说，左边的雪痕必然是雪球穿过左边这条缝形成的，反之亦然。

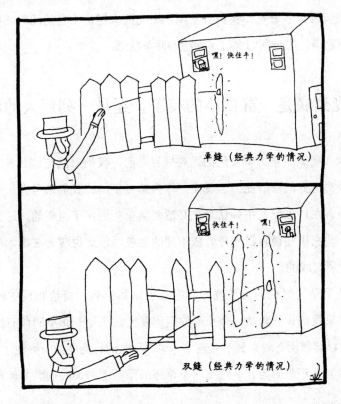

杰克的双缝实验基于英国物理学家托马斯·杨的设计，在这种情况下，它清楚地阐述了关于粒子性的常识。我们在栅栏上开一条缝，可以形成一条雪线，再开一条缝，又可以得到另一条雪线。我们也可以用石头或蛋奶冻馅饼做同样的实验，得到几乎相同的结果。关键在于，杰克博士的实验结果是安全的、可预测的，并且符合你的直觉。如果一个波比[1]看到杰克博士用雪球砸别人家的房子，然后开始追捕他，那么，在这场追捕开始时，我们就可以知道两者的确切位置。同样地，当杰克博士躲进某条小巷里时，我们也可以确切地知道他到底在哪儿。因为我们可以通过测量知道城市的街区有多长，他跑了有多久——因此我们也可以推测出他跑得有多快。

---

[1] 你们这些美国佬应该知道波比（bobby）在俚语中就是警察的意思。

对粒子来说这是合理的行为，然而对一个绅士来说恐怕不是。

我们还没开始说真正令人吃惊的那些事。但是，如果我们摘下经典力学的美妙眼镜再来看看呢？我们会发现，杰克博士拐进小巷的**同时**还在沿着原先的街道跑着；雪球**同时**穿过了栅栏的两条缝隙。

 ## 光到底是一群微小的粒子，还是一列巨大的波？

在深入研究量子力学支配的微观世界之前，我们只能花这么多时间来确认你对经典世界的理解能力。现在，作为第一步，让我们来考虑一束微不足道的光束。在17世纪，牛顿认为光必然是由单独的粒子组成的，这种粒子称为光子。他利用棱镜将日光分解成不同的颜色，以此说明光在根本上是由细微的粒子所组成的。

而几乎是同时代的荷兰物理学家惠更斯却得到了恰恰相反的结论。他表明，如果我们设想光从一个点源向四周发出，像是一颗小鹅卵石掉进了池塘，就可以解释所有观察到的光现象。他声称光的行为就像一列波。

在你能真正理解为什么这是一个奇怪的矛盾之前，我们需要解释一下什么是波。

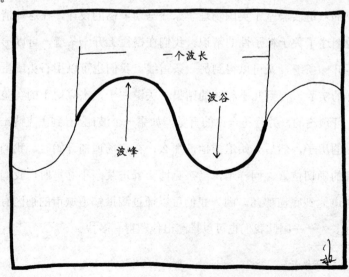

你已经在海滩或（顺利的话）浴缸里看到过波。浴缸里的水波、空气中的声波和光波都有一些共同的性质：振幅、速度和波长。

我们通过波峰的高度和波谷的深度（也叫振幅）知道波的强度。为了让你可以从调频收音机里听到Foreigner乐队的声音，这个声音必须首先被转换成一系列的波峰和波谷，然后从无线电发射器传播出去。这些无线电波的振幅控制着信号的强度，因此决定了你的立体声播放歌曲的清晰程度。

波也有一定的传播速度。无线电信号是一种特殊的光波，所有光的传播速度均为299 792 458米／秒。这不仅仅是因为DJ知道你需要经典的摇滚乐过把瘾，而且还很急切①。在无线电波到达你的天线之后，它被转换成声波（由你的扬声器产生震动），以340米／秒的速度冲击你的脸。这意味着，除了极少数的情况外，无线电信号从无线电发射器到你的收音机所用的时间，比声波从扬声器到你的耳朵所花的时间还要短。

最后我们来看波长，它的含义是相邻的波峰或波谷之间的距离，这种结构包含了关于波的颜色和能量的所有信息。可见光的波长略小于1／1000毫米。而能量较低的波，比如无线电波，波长可以长达几米。至于更高能量的波，例如X射线，波长在10^{-9}米左右，比它能量更高的还有γ射线。你可不会想要和它们搅和在一起，因为谁要是被它们照射到了，八成要变异出超能力。②

粒子和波这两幅图像看起来迥然相异。另一方面，从某些特殊的情形来看，这两幅图像又会预言同一种现象。当光照在镜子上时，我们知道它会被镜子反射，然后被你的眼睛吸收。

根据光是一种粒子的观点，我们很容易解释反射。用类比的方法，我们可以把光子想象成一个小球。如果你和我们一样，那么"大家一起玩接球"的游戏对你来说可能就只是一个人把网球扔到车库门上——将球随意一抛，一声巨响，一次笨拙地撞击后，球又回到你的手里。如果你努力集中精力，

① **相当**急切。

② 参见绿巨人。另一方面，神奇四侠则是从**宇宙**射线中获取了力量，我们会在下章详细阐述。

也许还能想起有人告诉过你玩接球的技巧:"入射角等于反射角。"另一种可能,如果你真的全神贯注,那么大概满耳朵都是《霹雳游侠》的主题曲。好吧,记住我们说过的话。你已经知道了所有关于光子反射的事情。如果我们用光子取代网球,用镜子代替车库,就可以完美地描述光了。

当然,波恰恰也用同样的方式反射。想象一下小提琴的设计或者音乐厅。声音完全由声波在房间或者空腔中的反射所决定。就像粒子一样,波的反射也遵循神奇的"入射角等于反射角"定律。

所有关于光的波粒之争看起来不过就是文字诡辩,因为两者都推导出同样的反射规律。但是对于一些其他的现象,粒子和波并非**一直**得出同样的推论。

在我们(或者说是惠更斯)看来,波的有趣之处在于,两列波会互相干涉。你在一个平静的池塘中丢下两粒鹅卵石就明白我们的意思了。

你可以很容易用任何自己喜欢的方式来解释这个物理现象,但是这并没有解决一个很重要的问题:光究竟是由电磁波还是由粒子构成的?关于这个事情的争论直到20世纪为止,反反复复持续了数百年之久。就如同一场儿童才艺表演秀,每个人都宣称自己获得了胜利。想知道到底是怎么回事?我们回头来看看杰克。

经过了一整天扔雪球的恶作剧,小小地戏耍了警察一番之后,杰克博士回到家里的实验室,他迫切地想做一些实验。他在那里有更多的现代科学装置可以使用,可以按照规范来做杨氏双缝实验。这意味着不需要再用栅栏和雪球,取而代之的是一块带有竖直的小缝的屏和激光笔发出的光束。在前面第一块屏的后方还放有另一块投影屏,可以让我们看到光所产生的图案。你觉得他能看到些什么呢?

别想太多,他只能在后屏上看到一条明亮的光斑。

可如果他把前屏切出**两条缝**,那么事情就会变得有些复杂。

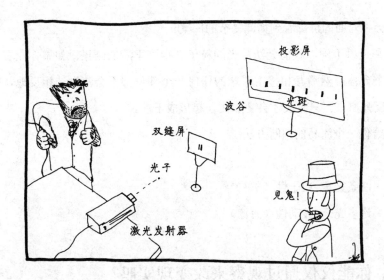

就在这时，他发现自己变成了另一重可怕的人格：海德先生。光同时通过两条小缝，从其中一条缝经过的波和从另外一条缝经过的波互相干涉，在后面的投影屏上形成了一组复杂的图案。

在杨最早的笔记上，我们可以看到如上图所示的双缝装置：

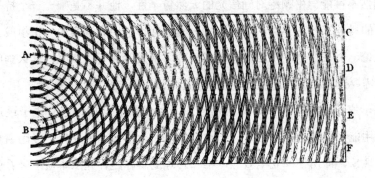

光从A和B两个孔射入，到达对面的屏时，会形成C、D、E和F几个亮斑（其实上下还有其他几个点，但是杨把示意图的其他部分截去了）。看起来很熟悉吧？是不是就像你在池塘的A和B处各投下一粒鹅卵石得到的图案？这就是关于波互相干涉的一个更精确的描述。

如果你还没从以上的讨论中有所收获，最起码你也应该知道这些光斑就是波发生干涉的确切证据。光必须同时穿过两条小缝，干涉到对方，否则我们不会在对面的屏上看到如此复杂的图案。

和反射不同，我们无法从光的粒子性得到干涉的结果。如果你左右手各拿一个台球，然后互相撞击，球的任何一个部位都不会消失。相反地，它们只会反弹出去。只有波才会叠加在一起形成干涉。

给你一个简易的判断方法：

· 两条光斑＝粒子性（杰克）
· 许多光斑＝波动性（海德）

 ## 你能仅仅通过观察来改变现实吗？

光显然是一种波。杨氏双缝实验彻底解答了我们的疑问。事情到此为止了，对吗？

当然不可能。牛顿绝对确信光的天然粒子性，他并不是唯一一个持有这种观点的科学家。1905年，阿尔伯特·爱因斯坦证明光**确实**由光子组成。但是，无论一个人在他的专业领域有多权威，别人对他有多信服，这么强的断言仍然需要证明。所以爱因斯坦利用"光电效应"来解释他的观点。

科学家们已经观察到，如果用一束紫外线照射金属，会有电子逃逸出来，而用能量较弱的光来照射同一块金属就不会出现这种现象。爱因斯坦认为这种现象，即所谓的光电效应，唯一合理的解释是，光从本质上来看就是一个个粒子，因此才能把能量传递给单个电子，就像台球中用母球击打目标球。这样听起来光更像粒子而不是波了，对吧？由于红色、绿色和蓝色光（从单个光子的角度来看）力气太小，单个光子没有足够的能量把电子撞出来，因此只有在具有高能量的光束照射时才能观察到光电效应。

虽然爱因斯坦因为这个发现而获得了诺贝尔奖，而且几乎所有介绍这个问题的书都将证明光具有粒子性归功于他，但事实上他的证明是有瑕疵的。

1969年，有些研究小组证明，也可以通过波的特性来解释光电效应。爱因斯坦的理论成功地诠释了该效应，但并不是**唯一**的理论。然而，尽管他的证明有一些漏洞，说到底他还是对的。后来许多的实验证明光确实具有粒子性。

所有这些争论似乎和那些在生活中无足轻重的问题类似，像"针尖上可以有多少天使跳舞"或"电视剧《绽放》的演员现在在什么地方"①。谁在乎光"真的"是一个粒子还是一列波？从表面上来看，这件事甚至都没多少矛盾。毕竟当海水展现出波动的特性时，我们知道它确实也是由单个（粒子一样的）水分子组成的。

也许光以同样的方式存在，它只不过表面上看起来是连续的波罢了，就像你家电视上连续的画面一样。如果你把脸凑近电视屏幕，可以看到那"真的"是由一个个像素组成的。

光看起来像波仅仅是因为其中包含许多光子吗？在前面提到的双缝实验中，也许有大量的光子穿过了左边的那条缝，同样也有大量的光子穿过了右边的那条缝，然后两列波互相干涉。

如果只是这样，生活该是多么简单啊！

我们前面提到，以往的物理直觉在量子力学里可帮不上太多的忙。但愿你还没扔了救生圈，因为你马上就要被拉进无底的深渊中了。

大量的光子分别穿过狭缝，并与穿过另一条狭缝的光子干涉，展现出波的特点。海德先生想了一个主意来变回杰克博士。"也许，"他朝自己吼道，"我可以调低光束的密度，每次只让一个光子通过，那么一个光子**不可能表现得像波一样**，因为没有东西可以让它干涉了。"

唉，这个可怜的被愚弄的傻瓜。我们来看看当他执行了这个错误的计划时会发生什么事情。

他按照计划调弱了光束，每次只有一个光子通过装置。和前面的实验一样，后面的屏上有一个探测器，当每个光子撞击屏时可以计数。即使计数需

① 《绽放》拍摄于20世纪90年代初，其主角就是在《生活大爆炸》中饰演Amy的Mayim Bialik博士。——译注

要一点时间，海德还是可以在后面的屏上看到光子形成的图案。

海德在后面的屏上看到了光斑的图案，这意味着光子束实实在在展现了波的性质。光子的确和某些东西发生了干涉。但是光束被设定成一次只能发射一个光子。唯一合理的解释就是光子和**自身**发生了干涉。每个光子同时穿过两条缝。弗罗斯特是错的，你可以（如果你是光子的话）走过两条道路，而不只是走人少的那条。

我们知道了光子能体现出粒子和波的特点。然而光子**能**体现出这两种性质并不能解释光子**何时**展示其中的一种特点。1978年，普林斯顿大学的约翰·阿奇博尔德·惠勒建议做一个有趣的实验，中途改变一下规则，来看看光子和双缝实验的关系。"想象一下，"惠勒说道，"如果后面的屏可以移走，在它后面某个距离放两台小的望远镜，每台望远镜都指向其中一条缝。"

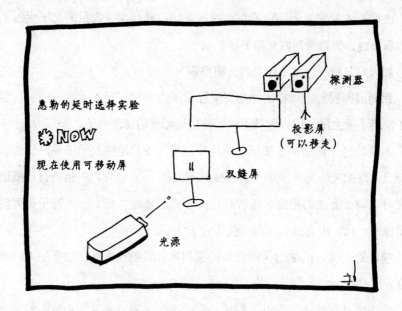

如果屏幕可以移走，我们通过其中一台望远镜观测光子，就会知道哪个光子穿过了哪一条狭缝。就此情形而言，光子必须要穿过其中一条缝，但肯定不会是两条。换句话说，我们可以通过移除屏幕**强迫**光子表现出粒子性，强迫实验者从海德变回杰克。如果我们重置这块屏，那么光子又开始表现得像波一样了，卑鄙的海德又一次回来了。

我们居然可以通过增加或者去掉屏来改变光子的行为，这看起来非常奇怪，但是惠勒的提议让这件事变得更奇怪了。如果我们在某一个光子穿过第一块屏（带缝的屏）**之后**再去掉投影屏，会发生什么呢？"延时选择"实验让我们可以在实验中的任何时间把光从粒子变成波，反之亦然。

换句话说，即使光已经通过前面的屏，我们只需要去掉后面的屏，就能让光子在此之前只通过[①]一个狭缝。更厉害的是，通过我们的操作，光子以某种方式选择穿过其中的某一条狭缝。能够以如此深刻的方式影响现实，这看起来非常诡异，特别是光子的选择看起来是依据我们的操作反过来做出的。

在我们（通过移除屏）强迫光子表现出经典力学的行为之前，量子力学以及惠勒告诉我们，我们不可能预知光子会穿过哪个狭缝。事实上，我们可以在一些本来已经发生了的事件发生**之后**再改变量子世界。

我们得到了两个令人难以置信的结论：

1. 我们对系统进行的观测从根本上改变了这个系统。
2. 某一个光子可以表现得像粒子或者波，并且能在转瞬之间完成转换。

 ## 如果你在足够近的距离内观察电子，它们到底会是什么？

量子力学中的怪事如果只和光有关就谢天谢地了。光是一个特例，它没有质量，像个水手，一直以速度c运动。[②]问题是，你可能已经猜到了，量子力

---

① 通过现在做一些事来改变过去，这不只是给物理学出了个大难题，对时态语法来说也是个大麻烦。

② 光速c和大海"sea"发音一样，因此，也可以译作"像水手一样一直在大海中航行"。——译注

学不仅仅适用于光子。

电子是我们容易研究的最轻的粒子。如果你对电子了解得不多，那也没关系，我们在第四章会多讲一些。现在，你只要知道，我们平时常常接触到电子。老一代（非等离子）的电视是用阴极射线管做的，用一种好玩的方式来形容的话就是"弹道电子枪将粒子以亚光速朝你的脸上发射"。

如果我们在双缝实验里发射电子，并且放个荧光屏在后面，会发生什么？每次电子击中荧光屏，我们就会看到屏幕闪一下，所以我们可以数有多少电子击中了屏幕上特殊的区域。如果海德把他肮脏卑鄙的双手放在电子束上并减弱发射源，使得每次只能发射一个电子，他**仍然**会在屏幕上看到电子展现出波的性质，这和我们看到的光子的表现是一样的！

由于实验条件的限制，直到最近这个想法才成功地实施——但是物理学界对实验最终的结果毫不怀疑。1989年，日本学习院大学的外村彰和他的同事用电子做了双缝实验，用电子束在后面的屏上得到的图案和用光束完全一样，是呈现出波的性质的多块光斑（见下图），对此你可能没有感到一丁点儿奇怪——至少我们**不希望**你感到奇怪。

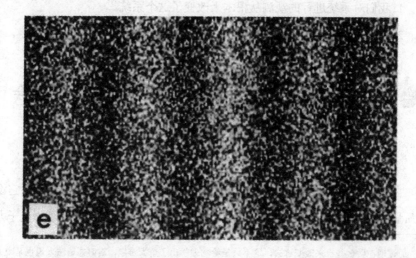

可别让海德再度现身，把你打得头破血流，让我们来重复一遍这幅图是什么意思：事实上一个电子可以干涉自身，这意味着它能**同时**穿过两条狭

缝。但是无论你的名牌刀具多么锋利，也不能把电子一分为二。如何解释电子能在不被分开的情况下同时穿过两条狭缝这个悖论呢？

当然，这不仅仅只对光子和电子成立。最近人们利用许多微观的物体做了相同的实验，例如中子和原子。所有的实验都揭示了相同的量子怪象。

我们承认确实向你强行灌输了双缝实验，但我们保证这绝对是必要的。诸如相对论之类的话题只需要物理学家做一些假设，比如光速恒定，然后轻而易举地，他们就能用理论描述几乎每件事。可量子力学恰恰相反，它的发展是在以前的理论无法解释的情况下，几乎靠着一个接一个的实验推动。

外村彰实验的另一部分和惠勒的延时选择实验一样。如果我们以某种方式监视电子，想看看它们是否正在穿过某条小缝，那么我们就会使波函数坍缩，又一次强迫它们体现出粒子性。

"波函数坍缩"是物理学家反复使用的一句话，类似于"计算一下哈密尔顿的特征值"或者"周六晚上一个人待在家里"。我们已经**习惯于**不加任何解释①地接受这些话。但是对波函数，也许我们需要多说几句。

在量子模型里，一切现象都是波。如果你能足够近距离地观察电子，它们看起来可不像小珠子，更像是云朵。云（或者说"波函数"，如果你喜欢用前后一致的术语表示）最厚实的地方就是我们在任何给定的时刻最有可能找到电子的地方。

当我们说一个电子"看起来像波"，或者你听到有人在讨论电子云的时候，这并不意味着电子本身真的像一个又大又薄的棉花糖。我们也不希望你把波函数想成卡通片《兔八哥》中的大嘴怪——那个跑得很快的时候就糊成一团的角色。

电子可以在一瞬间真实地**存在**于很多位置，而通过测量电子的确切位置，我们可以改变系统的属性。我们无法预先知道电子的真实位置，只能通过观察将它限定在一个地方。在测量电子位置（例如利用光子轰击它）的一

①　"周六晚上一个人待在家里"可不需要特别的解释，好好享受这本书的其余部分吧，呆子。

瞬间，波函数坍缩了，在随后的一瞬间，我们几乎可以**精确地**知道电子在哪儿，此时的波函数不再延伸到空间的广阔区域。

想象一下杰克和海德坐在一起玩战舰游戏[①]。我们知道海德总是作弊。在游戏的过程中，每当杰克博士报出坐标时，海德就不断喊着没打中没打中，把他的战舰挪来挪去，最后海德意识到不能一直伪装下去，所以他不得不把战舰放在棋盘上某处并且宣布被打中了。很显然，杰克对战舰位置的测量影响了他。

从另一个角度想想，回忆当年风华正茂的时候，你的未来有许多种可能：当一个核物理学家？一个宇宙学家？一个天文学家？现在想想你实现了什么。你**真正**在生活中付出的那些努力，使得所有的潜在性和不确定性坍缩成一个简单的状态——一条路径。

有没有办法让我每次丢东西的时候都归咎于量子力学？

我们已经介绍了关于量子怪象的基本概念，接下来再花一点时间来讨论某些看似不可能的推论——你可能认为这不过是一种骗局或者是某种过度简化的产物。

当我们在双缝实验中发射电子束的时候，我们并不知道电子会穿过哪条狭缝。这是关于电子位置不确定性的另外一种表述。1948年，康奈尔大学的理查德·费曼发现这个实验中还有更奇怪的事。

为了让费曼的发现看起来更形象一些，我们来重现这个实验。海德用电子束射向双缝就可以看到实验结果。此时他又提出了一个问题："如果我们在前面的屏上切出第三条小缝会怎么样呢？"海德用刀片在屏上凶残地划开了另一条缝。现在电子波就会以一定概率从三条缝里穿过，最后得到的三条

---

① 是的，我们知道他们实际上是同一个人，我们只是打个比方。

分波会互相干涉。

"如果加第四条或者第五条缝呢？"于是，电子又同时穿过了所有的狭缝。"如果我们不停地在这块屏上划开狭缝，直到整块屏消失了会怎么样？"海德像平时欺负英国街头的流浪儿一样狠狠踩躏了那块屏，最后，屏幕碎了一地，躺在实验室的地板上。此时的电子不得不以某个概率穿过原来有屏的每一个地方。

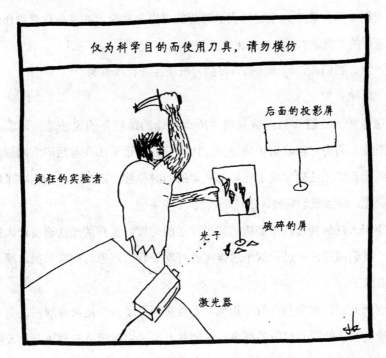

如果海德在电子束和后面的投影屏之间放了许多这样的（破碎的、空的）屏会发生什么？电子自然会以某种由波函数得出的概率穿过所有屏上的每条缝。

但是如果原先根本没有屏呢？费曼所描述的情形其实就是一个普通的粒子从A点直接跑到B点。如果你还没有理解这个例子的意思（确实很微妙），他实际上强有力地证明，粒子从一个地方到另一个地方不一定走直线，也不是一条曲线，不是任何一条确定的路线。这些粒子会以某个概率经过**所有可**

能的路线！

更奇怪的是，在选取了各种可能的路线的同时，粒子们也做着各种不可能的事情。例如，它们的质量会发生"错误"，看起来在以超光速运动。通常而言，这种事情不可能发生，但此时会以极低极低的概率发生。然而，为了得到正确的解释，我们仍然要把这些"不可能发生"却不幸发生的事考虑进来。

我们知道，这听起来就像大学时代的夜里你和朋友在某种化学物质的作用下进行的"充满哲学意味"的对话。

"嘿，哥们儿，假如我们可以同时出现在所有地点呢？"

"哇哦！"

这像极了双缝实验。费曼的"所有可能的路径"的说法是一幅实用的现实图景，因为它能给出正确答案。由于我们永远无法在前后屏之间测量粒子，因此我们无法确定粒子在屏幕之间的即时位置；而如果我们测准了粒子们的位置，那么我们就破坏了这个系统。

不引入任何变化就不能确切知道粒子的位置，这样的想法确实让人有点沮丧。我们同意。不过，这个思维实验有助于我们想象运动粒子的本质，尽管很费脑子。

这就是说，如果你乱放车钥匙，不要指望量子力学能帮你解围。量子力学只涉及在某处找到粒子的概率，但这并不是说它对细节的描述一片模糊。我们对宇宙的认识非常之少，量子力学可是非常清楚的。

1927年，哥廷根大学的沃纳·海森堡提出，我们不仅无法确定粒子的位置和运动状态之类的特征，而且，我们对粒子的位置测量得越精确，对粒子的速度就测量得越不精确[1]，反之亦然。因此，如果我们可以无限精确地确定一个一个粒子的位置，那就完全无法知道这个粒子的速度。类似地，如果我们彻底摸清了一个粒子跑得有多快，我们就不可能知道这个粒子在哪里。

———————

[1] 严格来说是动量的测量越不精确。如果你物理学得很好，足以区分速度和动量，那就奖你当课代表，放学后清理黑板擦。

海森堡不确定性原理是量子力学中最容易被误读的原理之一，主要原因是人们倾向于假定这只是一个经典的现象。很多介绍量子力学的书会用以下内容错误地"证明"不确定性。如果想找到电子在哪儿，我们必须用一个光子来撞击它。如果这个光子的波长很长，那么我们就无法精确地测出电子的位置。而长波光子不会对电子有太大的冲击，因此测量不会对电子产生太大的影响，于是我们可以很精确地测量它的速度。

另一个极端是，为了确定粒子到底在哪儿，我们用一个短波光子来撞击粒子。短波光子的能量高，这意味着可以给粒子狠狠来上一脚。由此带来的后果是我们也不能确切地知道随后粒子的速度。

你可能从上面的叙述中猜到了，光子会使粒子的位置和速度变得不确定。毕竟，若是光子没有撞击你要观察的粒子，你也不会搞得一团糟了。然而，这种理解是不对的。虽然我们的观察行为（引入光子）会影响粒子的状态，但粒子的位置和速度**本质上**就是不确定的。我们无法回避这个问题。

不确定性原理有许多令人吃惊的结论。我们首先回想一下实验室里的杰克博士，他正把笔记本挪到工作台上。如果他去倒茶，然后回来取笔记本，那么笔记本肯定还在他离开时的位置上——它们很大很重，不可能仅靠意念搬动。

但是如果是海德先生又会怎么样呢？作为一个无比残酷的人，他完全无视笔记本的存在，而是把一个电子限制在一个非常狭小的盒子里。① 既然我们知道电子在盒子里，它的位置的不确定性必然非常小，因此相对而言它的速度具有更大的不确定性。我们所说的"不确定性"是什么意思呢？意思是说，没有人知道或**能够**获悉电子的速度。不过，海德知道电子不是静止的。假如电子真的是静止的，他一定会信心满满地说电子速度为零。电子**一定**在这个小盒子里躁动不安。

也许电子在迅速往左边跑，也许又在迅速往右边跑，但海德就是无法得知。盒子做得越小，他就越了解电子的确切位置，越不了解电子的速度，因

① 真的，这人真是个禽兽。

此电子就越发躁动不安。

然而事情并没有到此结束。不只是电子具有不确定性。正如我们所见，光也是波，下一章我们会看到，光正是宇宙中充斥的四（或者五）种基本场之一。如果海德拿了一个"空"盒子，里面完全没有电子和光，又会发生什么？

我们已经提到过海德是个疯子，事实证明他的小实验根本不可能实现。无论他怎么做，光最终还是会找到一条路冲进他的盒子。要理解这点，你首先要知道，即使他没有把光放进盒子，原则上来说，还是有许多波长各异的光波可以装进盒子。像电子一样，这些光波的振幅本来都是不确定的，但海德就是想让这些光波的振幅都变成零。这就是量子场论的基础，标志着狭义相对论（第一章）和量子力学的结合。

正如将一个电子关在一个小盒子里会让它躁动不安一样，平均能量越来越高，同理，不确定性原理也使得我们无法让电场完全消失。

这说明即使是在海德认为空无一物的盒子里，光子也会不断地产生、消失。这很扯淡（啊，但他就是这样的）。这意味着即使在空无一物的空间中也有能量存在。这就是所谓的宇宙的真空能量，它有很多奇怪的性质。举一个例子，如果海德像拉手风琴一样将盒子的体积压小，真空能量的密度也不会增加。这和以往我们的认知不一样。

一般说到这儿，不是专业从事物理学工作的人会指责我们在"瞎编"。假如宇宙中充满了真空能量，为什么我们看不到？这可是一股很大的能量啊！

或许举一个帮朋友搬家的例子[①]会更容易理解。设想我们的朋友住在一个没有电梯的公寓的五层。乐于助人看似不错，但现在你要把梳妆台搬上四层弯弯曲曲的楼梯。在快要收工的时候，你不禁会留心爬到五楼要花多少力气。但你会注意他生活在海平面以上2000英尺吗？为什么不会注意？因为海拔从来没有起过作用。同样的，真空能量就像是公寓楼的底层，这是你所测量过的最低能量，其他的一切东西都是以它为基准进行测量的。也就是说，

① 如果是海德的话，那就是帮魔鬼搬家。（英文中，朋友"friend"和魔鬼"fiend"的拼写相似。——译注）

你从来没有测过比真空能量"更低"的能量。

这仍然不能证明我们不是在瞎编。我们只是说明了为什么从来没注意到周围的真空能量，但是并没有真的给出一个理由来让人相信这是真实存在的东西。这件事不得不等到我们讨论空间的本质时才能讲清楚。就现在而言，真空能量是量子力学里的一种效应，就像海德一样，是一个不可或缺的邪恶角色。

当然，由于真空提供了相当数量的能量，于是我们通过方程$E=mc^2$知道，宇宙可以持续地产生粒子。就像一壶开水，真空中会不断冒出粒子来，只不过粒子存在的时间非常短暂。粒子可以被创造，但是旋即湮灭，粒子的质量越大，它们就消失得越快。

我能像《星际迷航》里一样造个传输机吗？

我们还不习惯将像电子一样的粒子想成一种波函数，但它们确实是波函数。从某种更宽泛或更狭窄的意义上说（通常是更狭窄的意义），探测到电子的概率可以分布到很广阔的距离——从数学上说可以分布到整个宇宙中。那些我们已经认为是"不可能的事"应该重新定义为"发生概率极小的事"。

试想一下，伦敦的人们挖了一个陷阱——在地上弄出一个大洞，海德掉了进去。他拼命地往上跳，但强壮的双腿却不足以让他脱离这个洞。用物理学的说法，他没有足够的能量逃逸。但是，你知道吗？量子力学断定，因为这个犯罪主谋的位置是不确定的，所以有一种可能性是海德被人"观察到"待在洞外。这只不过是换了一种很酷的说法，说他跑出了洞外。就像一个专业的逃生艺术家，他要诈／隧穿到了人们认为不可能的地方。他不是在经典力学的意义下挖出一条隧道（不是说用勺子在土层中挖），他直接就出现在洞外。

让我们说得更明白点。海德不能主动控制这种隧穿行为：这完全是偶然发生的随机事件。并且，对于我们这位发狂的朋友来说，这么大的体形，发生这样的事情需要等待很长一段时间——也许比宇宙的年龄都要长得多。

而对于原子这样的微观物体而言，隧穿不仅仅是可能，而且几乎是必然发生的。铀、钚、钍可以很欢乐地坐在一起，它们的组成粒子安全地待在原子核里。可以想象铀是一个钍原子核和一个氦原子核合在一起"组成"的。这两个原子核结合得如此紧密，以至于氦（它比钍原子核轻）看起来（在经典力学意义上）不可能逃逸。但是等等，虽然看起来不可能，但45亿年之后氦还是有很大的概率能够隧穿出来的。

量子力学不仅给了我们成为逃生艺术大师的机会，还额外免费赠送了瞬移的能力！由于电子、铀（见鬼，甚至是海德先生）的波函数从数学的角度来看在整个宇宙中都有分布，你或其他任何物体都有可能突然在其他一些星系中被观察到，这种事发生的概率非零①。

我们知道这不是你想要的。你要的是一个"真正的"瞬移装置，就像在《星际迷航》②里看到的一样。你需要的是可以在特定时间向特定地点传送你的队伍的装置，而不是单纯靠概率。好吧，算你走运。量子力学可以帮你建起一个真实的装置，在你倾家荡产去买一个之前，我们有必要提醒你这玩意到底是怎么运作的。

首先，一个真正的瞬移装置并不是真的把组成你的原子从A点移动到B点。实际上，这种装置只是造出一个完美的复制品。考虑到你不敢做真人实验，那就不妨让一个雕像穿过房间。瞬移接收器不得不准备大量的碳原子、铁原子和钙原子等等。传送机发出一个信号，给接收器精确的指令，描述每个原子的波函数以及雕像的整体结构。如果波函数在接收器终端被精确复制，那么我们就真正完成了瞬移。

这看起来可不对，因为我们只是**复制**了雕像，并没有真正地移动它。那

---

① "非零"在物理学家口中就是"要多小有多小"的意思。我们也用"非平常"表示"几乎不可能"。

② 承认吧，书呆子，你自己不就有一套带有星际舰队徽章的制服嘛！

我来问问你。这有什么区别吗？即使从最微小的细节来看，复制的雕像也完全一致。重量一样，感觉一样，所有都一样。

从物理定律的角度来看，雕像**就是**一模一样的。宇宙是不会区分钙原子（举个例子）之间有什么不同的。它们都是一样的。而且，将信号传给接收器的过程会摧毁原始的波函数。换句话说，我们的瞬移装置不只是一个传真机，因为开始时只有一个你，结束时还是只有一个你——只不过换了个地方。

雕像的瞬移就说到这儿。那么瞬移一个人（比如你）会发生什么？瞬移版的"你"永远不会知道有什么区别。"你"不就是不计其数的原子的波函数之和吗？这些原子不仅包含了你的外表的信息，还包含了你的记忆的信息。由于原始版本的你已经被摧毁了，没有其他的"你"来帮你伸冤了。

这件事情听起来太好（诡异）了，不可能是真的吧？事实上并不是你想得那么简单，不过让我们首先来澄清一点细节。本章都在讨论单个粒子的波函数，然而除此以外，现实中如果两个原子存在关联，那么就应该描述**两个**原子的复合波函数。这些原子的状态叫作"量子纠缠"态。这个复杂的术语是说，如果我们知道了其中一个原子的量子状态，也就知道了另一个原子的量子状态。

这里有一些基本的步骤：

1. 取两个原子（A和B）使它们产生纠缠①，把A放到瞬移装置的传输器端，B放在接收器处。

2. 再取一个**不同的**原子放到传输器中准备用来传输（我们称之为C），让它和A发生干涉。在这个过程中，A的波函数发生了坍缩，而在接收器处的B的波函数也发生了坍缩。我们之前已经知道，干涉或观察波函数就有这样的效果，所以C的波函数也变了。也就是说你发送的目标被摧毁了。

3. 接收器端也做同样的事情，只不过与目标原子D发生干涉的是接收器

① 我们会在下章解读。

端已经改变了状态的纠缠原子B。[1]这种干涉同时也会作用于D，但具有相反的效果，于是D获得了C的原始波函数。

实现瞬移具有难以想象的困难。直到1997年人们才第一次成功地瞬移了单个光子。2004年，几个小组成功地把一个原子瞬移[2]了几米。从上面这些工作来看，还是靠自己把原子从一个地方挪到另一处更容易一些。

系统越大，瞬移就越复杂。在实验中我们甚至无法瞬间移动一个分子。所以，即使瞬移变成一种技术上的可能，传输一个人也是遥不可及的事情。不过就算可以传输一个人，我们也不推荐你这样做。

如果一棵树倒在森林里没人听见，那么它发出声音了吗？

我们所举的例子都集中在微观粒子里。但我们的论证中并没有特别指出，粒子必须足够小才能体现出量子力学性。事实上，我们已经说过，宇宙本质上就是量子性的。想象一下，如果量子规律支配着微观世界，**我们**是不是也被量子力学所统治？

既对又错。

考虑一下不确定性原理[3]。之前我们讨论的时候略去了一点数学（其实是所有的数学），所以我们现在得加一点细节。粒子越大，我们就可以越精确地测量它的位置和速度。

例如，想象一下我们用一束电子做双缝干涉实验。如果两条缝相隔一毫米，我们就可以预计电子位置的不确定范围在一毫米之内，尽管我们不确定

---

① 这段内容的科学性存疑，具体请见书后"译校后记"。——编注

② 量子瞬移（quantum teleportation）的中文常见译法叫作量子隐形传态。——译注

③ 拜托！（这里请您自行插入音效。）

电子会穿过哪条缝。通过计算，我们会发现电子速度的不确定范围大约在每小时十分之一千米。这个数值不算很大，是可以测量的。

如果我们测量得到海德（逃离谋杀现场）的速度，并且精确到每小时十分之一千米以内，又会如何呢？这远比你可能随身携带的测量装置的精度要高得多。假设我们只在某一可实现的精度范围内测量海德的速度，那么他的位置也会呈现不确定性——的确，他的位置在原子核尺寸的10^{-19}倍的范围内是不确定的。只要比这个范围小，海德就会展现出波函数的性质。由于海德自身比这个尺寸要大得多，在现实的情形下，他的行为就会和粒子一样。也就是说，事实上不存在一个**可以实现**的情形，能让宏观物体（比如你和我、杰克和海德）表现得像量子物体一样。

让我们回到本章开头的问题上来。考虑一个经典的思想实验，一个家喻户晓的实验——欧文·薛定谔的构想以及那只和他齐名的猫。

假定海德这个冷酷无情的恶棍造了一个箱子，在箱子里面放了一小瓶毒药。现在把一个特别的放射性原子也放在箱子里，如果这个原子在一定时间内衰变，那么毒药就会被释放到箱子中；反之，原子不衰变，则毒药不会被释放。然后海德还在箱子里放了一只猫，再把箱子加了盖。[①]

随着时间的流逝，猫是死的还是活的？

最近关于量子力学的实验

----

① 说明一下，薛定谔可从来没实践过这个著名的实验，但它已经让许多人认为他是个疯狂的科学家了。

这个问题最早是在1935年薛定谔的一篇很长的学术论文中提出的，在这里不再赘述。尽管薛定谔之猫的谜题没有告诉我们任何新的关于建造量子计算机或者微芯片的信息，却激发了我们对宇宙本源的探讨。结果表明，有不止一种方法可以毒死猫——至少我们也有不止一种方法可以解释怎么毒。

1. 哥本哈根解释

1927年，量子力学的两位创始人，尼尔斯·玻尔和沃纳·海森堡给出了阐述量子力学的一个初步构想，后来被称为哥本哈根解释。这个解释基本上就是我们刚刚讨论的那些假设：

1. 一个系统完全由它的波函数描述；

2. 波函数意味着每一次测量的结果都是概率性的；

3. 一旦我们做测量，波函数就会坍缩，结果只会得到唯一的数值。

尽管我们还会展示其他的方法来看这些事，对于普通的物理学家来说，哥本哈根解释基本上就是共识，因为这种解释方便我们计算，而无需考虑太多它到底是什么意思。[①]

然而即使支持者**内部**也对哥本哈根解释到底说了些什么存在争议。波函数是真实存在的事物吗？还是说，只有我们实实在在观察到的事物才是系统中唯一真实存在的事物？从个人角度来看，这些问题有些吹毛求疵了。我们十分偏爱大卫·默明的观点："如果我不得不用一句话来概括哥本哈根解释对我说了什么，那就是'闭嘴，给我计算'！"

准确地说，我们的观察是怎样真的**造成**坍缩的？归根结底，我们也是由亚原子粒子所组成的，服从量子力学的法则。宇宙是怎么知道从我们测量开始前的不确定状态变成之后的确定状态呢？

波函数坍缩以后有个更糟糕的结果。还记得我们说过，你的波函数延伸

[①] 这也让我们可以偷偷懒，当然我们也喜欢这样。

到了其他星系，所以技术上来说可能让你完成瞬移。好吧，当你在地球上被观察的时候，你的波函数坍缩了，这意味着你的波函数在别处消失了。但愿这不会困扰你。这里有些东西看起来马上就会影响到几光年以外的事情——也就是说，比光速还快。

让我们忘了上面的，来看看玻尔告诉我们的关于猫的那些事。薛定谔的猫是死的还是活的？哥本哈根解释回答了："是的。"

很严肃的回答。

"每一种结果都对，"他说，"每个结果都有一定的可能性，如果我们打开箱子，就会使波函数坍缩，就会观测到其中的一种可能性。"

这太荒谬了！认为猫是死的**并且**是活的，简直疯了！这恰恰是薛定谔的观点。[1]

我们来思考量子力学术语中一个古老的谜语：如果一棵树倒在森林里，但是没人听见，那么它发出声音了吗？"没有，"哥本哈根解释这样说，"事实上我们甚至可以说，除非已经有明显的证据说树已经倒了，否则树还没倒。"这看起来太荒谬了，想象一下像树那么大的物体居然还能被观测所影响。但事实就是这样。猫和树之间有多大的差别呢？[2] 猫和原子核呢？

玻尔认为，一个有意识的人进行的观察属于一种特殊情况，但不是所有哥本哈根解释的追随者都认同这一点。我们用薛定谔的研究生来代替他的猫，几乎不用怀疑，这个研究生拥有（相当程度的）意识，可以自己观测这个系统。为什么人类的观测如此重要呢？

从哲学上来说，哥本哈根解释最大的问题在于：科学家们知道的和宇宙知道的之间有什么区别？

一般情况下，在薛定谔之猫的例子中，我们说二者的差别很显著。即使科学家们不知道，但很显然宇宙一定"知道"猫到底是死的还是活的。在某些意义下，哥本哈根解释认为，在打开盒子前，宇宙是否知道猫的死活并没

---

① 通过设计猫在箱子中的实验，他实实在在**嘲弄了**哥本哈根解释。

② 一个有树皮（bark，另一含义是狗叫。——译注），而另一个会喵喵叫。

有什么关系，它并不能改变任何可观测的事情。

这儿还漏了点东西。从一方面来说，我们已经从双缝实验看到，直接或者间接地测量电子的位置会强迫电子从不确定的状态转变成粒子状态。如果我们不通过直接观察干扰电子，它确实会同时穿过两条缝。只有当我们大胆地去观测它时，它才会"选择"其中一条。

如果是这样，那么薛定谔之猫为什么如此不同？这个系统不过复杂了一些，恰好包含了不止一个电子，而是包括放射性物质、毒药和组成猫的不计其数的原子。对于我们这些用机械的观点看待宇宙的人来说，这确实会让之前的判断不成立，因为这意味着我们不得不从宏观层面看问题。

由于宇宙中所有的粒子都在（或强烈或微弱地）互相作用，整个宇宙（包括科学家和仪器）只不过是一个巨大的波函数。这个观点从字面看会让人觉得不可思议。这说明所有的观测、感知和行为，都不过是多种可能性的组合——只不过某种可能性发生的概率大大超过其他的情况罢了。

就个人而言，我们觉得这个梦幻般的"线性叠加"的宇宙让人不快，还不如生活在一个意识决定现实的宇宙中呢。[1]

2. 因果解释：你朝我扔了个玻姆[2]

如果你理解哥本哈根解释有困难（谁会怪你呢？），别着急。这并不是唯一的解释。我们还有其他关于量子力学的解释。这些解释都使用同样的方程，至少可以得出相同的结果[3]。然而，关于事情发展的过程，他们给出的解释**非常**不同。换句话说，一般情况下我们不能通过实验说清楚到底哪个理论是对的；我们现在可是彻底进入哲学的地盘了。

1952年，圣保罗大学的大卫·玻姆给出了关于量子力学的"因果解释"。玻姆完全不赞成薛定谔的猫之谜的"半生半死"的解答。他认为所有

---

① 我们希望你们这些唯我论者注意一下。

② 玻姆（Bohm）发音与炸弹（bomb）很像。——译注

③ 听起来有点油腔滑调，如果你不相信，我们欢迎你再核实一下。

我们已经讨论过的不确定的事物（位置、速度、我们的猫是死是活）统统都是确定的。但是（一个大大的但是[①]），即使粒子和宇宙知道这些确定的值，并不代表**你**也知道。

玻姆认为，波函数以外还有"隐藏变量"。他不是唯一持有这种观点的人，爱因斯坦对量子力学的意义深表怀疑，他也是隐藏变量观点的早期支持者。

在玻姆的设想里，隐藏变量包括诸如位置、速度等物理量，普通量子力学认为这些是完全不确定的。想象一下，在波涛起伏的洋面上玩摩托艇，在任意给定的时刻，移动中的摩托艇都有确定的位置和速度。但是，如果你试图去测量摩托艇的位置，就会发现它以随机的方式跳动。类似地，在因果解释中，波函数"驱动"着粒子，给它们一些扰动，这时，如果我们做双缝实验，电子的轨迹就会看起来像随机波动的模式。

因果解释在一个方面表现得令人极为满意，它告诉我们有一种绝对的实在性，尽管我们不需要确定这种实在性在每一个时刻会呈现什么样子。一个电子确实要么在这里，要么在那里。完全没有海德先生！只有杰克博士在伪装。[②]

而且这种解释还避开了一个哥本哈根解释难以应对的重要问题。根据玻姆的理论，不存在"波函数的坍缩"。波函数永远不会坍缩，因为我们进行测量时只不过是找到了粒子自始至终待的位置。尽管我们通过观察影响了粒子的状态，但这种影响完全符合我们从经典力学中获得的直觉。

我们提到，因果解释得到的结果和普通量子力学相同。这既是优点又是缺点。类似于哥本哈根解释，玻姆的因果解释要求，信号的传播速度有可能（尽管不可能）比光速还快。

而且，虽然在通常的情形下，玻姆的版本和传统的量子力学没什么不

---

① 我们不觉得饶舌歌手Sir Mix-a-Lot（他的名曲*I like big butts*与big but谐音。——编注）会喜欢这事。

② 给《史酷比》的作者的忠告：这对剧本来说是个绝妙的创意。

同，但我们至少需要发出一个警告。到目前为止我们所讨论的情形都假定粒子的能量比较低，而且粒子已经存在了一段时间。还有很多情形是这个理论解释不清楚的，而且我们还要解释粒子如何产生、粒子接近光速运动时会发生什么等问题。普通的量子力学已经发展到可以处理这些问题了，但是玻姆的版本还没有，这意味着它不能解决一些重要的问题，例如粒子如何构成。将来可以解决吗？恐怕只有时间才知道。

我们还是不要讨论这些方程能做什么不能做什么，因为我们快要忘了讨论猫的死活了。猫怎么样了？能用这套解释来说明它的生死吗？

玻姆只告诉我们他也不知道，但是猫**一定**要么活着要么死了，只能是这两种状态中的一种。我们还没有打开箱子，一旦打开，我们立刻就知道结果了。

多么无趣的回答啊！"我也不知道，咱们检查一下。"也许这个答案真的很无趣，但是总比"兼有"要让人不那么头疼。

3. 多世界解释

宇宙的演化存在多种可能的路径，但它不知道怎么回事就随机地选择了其中一种路径，这种观点让人觉得非常不舒服。1957年，休·埃弗雷特（彼时他在五角大楼工作）提出了量子力学的多世界解释。

埃弗雷特假设每个随机事件（比如一个电子穿过这条缝还是那条缝）都会产生两个不同但相互平行的宇宙。在其中一个宇宙中，电子穿过A缝，在另一个（也许是我们所在的宇宙）中穿过B缝，除此之外两个宇宙没有任何区别。随着时间的流逝，宇宙不断地分裂，经过不知多少岁月，产生了大量的平行宇宙。

根据埃弗雷特的理论，这些世界可以互相干涉。从数学上来说，这看起来几乎和普通量子力学一样。以双缝实验中的电子为例，在我们的宇宙里，电子可能穿过左边这条缝，在其他的宇宙中，电子穿过的是右边这条。不同宇宙中的波函数互相干涉，如果我们用许多的电子重复实验，我们会得到之前看到的许多的光斑图案。

在这种情况下，海德也是不存在的。存在的只有杰克博士，因为每个宇宙都有一个杰克博士做同样的实验，许多杰克之间存在干涉。

并非只有粒子会分裂，你也可以分裂。想象一下十分钟之后的你，那个"你"对应一堆不同的"你"。哪个"你"最终成为你？答案是，全部都成为了你。任何一个特定的"你"都只记得他／她所在的宇宙中所发生的事情。这就是说，在某个地方，有一个"你"是电影明星，还有一个"你"正在设计宇宙飞船。①但这些可能性发生的概率并不相等。

制造无穷多个宇宙的同时，埃弗雷特也能就薛定谔的猫的问题给出一个令人信服的答案。像玻姆一样，他会说："我不知道猫到底是死的还是活的。唯一能找到答案的方法就是打开箱子。但是打开箱子只是告诉我们一个结果，不会改变任何的现状。"

这基本和宇宙的因果解释给出的答案一样，但是有一个重要的不同点。如果打开盒子后猫是活的，那也只是对我们所在的宇宙而言。另有无穷多个宇宙，那些宇宙中的猫已经死了。

也就是说，每一种现实都不过是一种局部的现实。

---

① 这些可能性有好有坏。也就是说，你也可能在电影院里打手机，在便利店里偷人家的零钱。这样的你真是令人不忍直视。

第三章
随机性

"上帝会和宇宙玩骰子吗？"

布隆伯格一家子

从左到右：戴夫、梅维恩姨妈、赫尔曼表弟、杰夫、路易叔叔、布瑞恩外甥

我们来谈谈你上学期学过的物理课吧。或许物理课很无聊，因为你需要记住杠杆、滑轮、钟摆之类的物理规律。不过你至少知道你站在什么地方。自20世纪以来，所有的确定性仿佛都不见了。如果说量子力学只是扰乱了微观层面，从我们庞大的人类的层面来看，它就好像是从阿尔弗雷德·E.纽曼的书中拿走一页。什么，我会担心？

许多人认同决定论的宇宙。谁又有资格责备他们呢？我们周围所看到的一切——大部分都可以直观地或精确地从数学上预测。至于其余的部分，我们只是认为它们过于复杂，（暂时）难以计算。爱因斯坦确信在表面的随机性之下，存在一种掌控一切的确定性规律，这使得一切事情都可以预见。如果你了解事物起初是如何开始的，物理定律会确切地告诉你事物最终将如何结束。宇宙的确定性看起来由方程建立。但"看起来"一般是对股票而言，并且眼见往往未必为实。

从最基本的层面上来看，宇宙不只是复杂的，而且不可避免地具有随机性。放射性衰变、原子的运动，以及物理实验的结果都屈从于某种不可预测的临时起意。从本质上看，宇宙是爱因斯坦最痛苦的噩梦。而随机性可能就是**你**最痛苦的噩梦了。人类只不过是没有很好的统计思维。如果某件事发生的概率真的很大，或者我们的个人的生存受到威胁，大脑会给我们一个提示。"别去挑战霸王龙，"[①]你的大脑可能会提示你，"别人这么干了，但没有好下场，概率上来说你也不能幸免。"

另一方面，我们去拉斯维加斯问一个刚刚连输十把的赌徒，他下一把赢的概率是多少。他也许会说要开始转运了，也许会说倒霉透了。无论是乐观还是悲观的回答，他都是错的。因为他赢得下一把的概率和上一把一样：胜负对半。

因为（我们也希望）你不会在一个赌场浪费大部分清醒的时间，所以我们打算在一个你更熟悉的场景中介绍随机性的细微之处。接下来向您介绍我们的大家庭——正在家庭聚会中的布隆伯格家族。除了满足孙子孙女们的正常需求之外，我们心怀怒气的大部分原因来自亲戚应该更充分地理解随机性的力量，但是因为某种原因他们又坚持拒绝相信。

首先来说说我们的表弟赫尔曼。他是一个挺聪明的人，会制造一种信号接收器，接收外星飞船发射的信号。他认为政府、科学家——**尤其**是在政府工作的科学家为了一个巨大的阴谋而操纵科学数据[②]。全球变暖问题困扰着赫尔曼，如果不是因为他相信这个问题是编出来的，我们也不会这么沮丧。为免在这个话题上有点小误会：事实上科学界一致认为全球变暖是真实存在的，是人类活动造成的。从公众关系的角度讲，这件事情之所以变复杂，是因为根据一般的科学共识[③]，地球的平均温度在接下来的十年内将上升约1/10摄氏度。这可能看起来并不是很起眼，但随着时间的推移，气温上升对环境的冲击将是灾难性的。

赫尔曼住在费城，根据维基百科显示，费城12月的平均温度大约是2摄氏度。但是假如我们有一个特别温暖的圣诞节——比如气温略略低于10摄氏度时，赫尔曼将暂时停止给政府写那些看起来充满怒火的信，而是客客气气地

---

① 如果创世博物馆所展示的观点是正确的，那么相同的剧情很有可能已经在穴居人身上发生过了。谁会是那倒霉蛋呢？（创世博物馆位于美国彼得斯堡，它反对进化论，认为恐龙和人类曾生活在同一时代。——译注）

② 三极委员会在某种程度上也被卷了进来。他们不得不如此。

③ 这个例子中的政府间气候论坛听起来非常官方，我们可以肯定赫尔曼对此持怀疑态度。

认输。在他看来，全球变暖**似乎**是真的。在这种情况下，我们并不指望这种单次测量会使赫尔曼变成支持全球变暖的盟友。我们接下来谈谈理由。

气温有时会高于平均水平，有时会低一些。如果气温振荡的范围很大，那么我们甚至都不会注意到每一年的细小变化。比平均温度高8度的情况并没有那么罕见，同理低8度也没有那么罕见。假设明年费城会有一个**寒冬**，12月的温度始终维持在零下7摄氏度，又会怎么样呢？赫尔曼表弟会认为所有关于全球变暖的论调都是瞎掰，然后回去做了一顶锡纸帽①。他没有看到问题所在，因为他所关注的只是个别的日子而并非一般的趋势。

承认吧，换了你也许更糟。

即使不去关心令人沮丧的地球末日，赫尔曼仍然有很多担心。为什么他杯子里水的微小颗粒会不停地运动？下个世纪行星撞击地球的概率有多大？他的宠物中子多久之后会发生衰变？也许这些事你以前没担心过，但它们都只不过是一系列的随机事件的结果。

 ## 如果物理世界是不可预测的，为什么看起来却并不是这样？

路易叔叔位于家族树远端的位置（某个未知的基因库中较远的一端）。他用自己的方式来讨人喜欢：比如会说一些粗俗的笑话，不断让小孩子拉他的手指②。路易叔叔的侄子和侄女用他从耳朵里变出来的钱付学费。然而他是一个堕落的赌徒。路易叔叔会拿任何东西开赌：电影的结局、寄居蟹的种类，你能想到的一切。所以在试图躲避梅维斯阿姨的空当，路易叔叔居然躲在娱乐室和戴夫赌抛硬币，我们假设硬币没有被做过手脚，那这会有什么

---

① 许多相信阴谋论的人认为只要戴上这种帽子，就不会再遭受所谓的"脑电波控制"。——译注

② 拉手指是西方的一种恶作剧。小孩拉路易叔叔的手指，路易叔叔趁机放屁。小孩会误以为拉手指能引起放屁。——译注

危害？

要了解这个游戏，我们首先得解释一下什么是"没有做过手脚的硬币"。如果我们把硬币抛出一百万次，那么**大约**会有一半的次数是人头朝上。抛的次数越多，人头朝上的次数就越接近50%。另一件可以使抛硬币看起来"没有做过手脚"的事实是，每次抛硬币的结果都和之前的结果无关。不论之前是人头还是背面，**下次**出现人头或背面依然是等可能的。

现在我们有点小问题。尽管我们可以预计到在一百万次抛掷后路易叔叔和戴夫几乎打平，但这只是从**比例**上来说。具体到赌金就不一样了。经过一百万次抛掷以后，很可能是戴夫或者路易叔叔多赢了几千次，从而赚得几千美元。如果你想知道这个"多赢的几千次"是怎么来的，我们建议你不妨读一下"戴夫叔叔的小贴士"。如果你不想读也别担心，并不是非读不可。

 ## 戴夫叔叔的小贴士：教你一点统计学

我们一开始就承诺尽量不用方程来解释，而且在"没有方程"的规则之下已经讨论了有一段时间了。现在我们却面临着不得不大量使用数学的一章内容，并且还有几个"受虐狂"要求用更多的数学。"你说的那几个数是怎么算出来的？"好吧，我们已经听到你在哭了，这里就讲那么一点点数学吧。

当路易叔叔抛掷硬币的时候，我们说可以猜测人头和背面几乎都有一半的可能性。"几乎"又是多少呢？这儿有一个便捷的检验法则：最终结果的误差范围差不多是预期的人头次数（作为"赢"的结果）的两倍的平方根。我们略微作了一点简化，并不改变本意。所以，如果你抛掷一枚硬币一百万次，你极有可能得到五十万次左右的人头，正负误差大约一千次。

如果路易和戴夫抛了一百万次，路易可能赢了很多钱，也可能输了很多。但当一天过去的时候，他仍然能满意地安慰自己——因为他几乎有一半时间是赢的。如果他赢了501 000次（比50%多赢了一千次），胜率仍然只有50.1%。用这样一个糟糕的办法赢得（或输掉）一千美元纯粹是在浪费时间。

　　最后的结论是，任何可能发生的结果都具有一定可预测的概率。例如，在百万次的抛硬币游戏中，路易（或戴夫）可以预期结果有以下的概率分布：

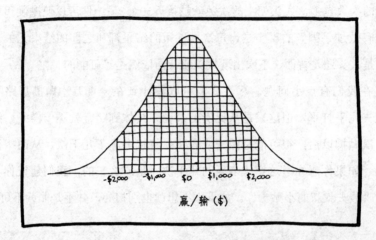

赢/输（$）

　　曲线上某一点的位置越高，代表着事件发生的可能性就越大。最有可能的结果是他们几乎打个平手，但是路易可能会赢（或输）额外的一千或两千美元，并且他对这笔财富没有特别吃惊。这张图表的左右两边表明，无论是戴夫还是路易叔叔都不太可能以压倒性的优势获胜。从理论上讲，路易当然可以连抛一百万次都是人头——发生这种情况的概率的确是存在的。另一方面，产生这种情况的概率使得"无穷小"这个词看起来变大了很多。

　　数学家把路易（或戴夫）在他们的游戏过程中的运气成分描述成一种"随机漫步"模型。为了创建属于你自己的随机漫步，首先你要找到一个不动点——也许一个灯柱，然后站在灯柱旁边，掷一枚硬币。如果硬币出现人头你就向东走一步，反之就向西走一步。随着时间的推移，你向东或向西的机会相等，但你总体来说正在远离灯柱[①]。

　　我们不仅仅只描述了路易叔叔的运气，还通过抛一百万次硬币来证明这一点，那么路易的情况又怎么样呢？

---

① 站在马路中间玩抛硬币是非常危险的，你还是离那些数学家的危险实验远一点的好。

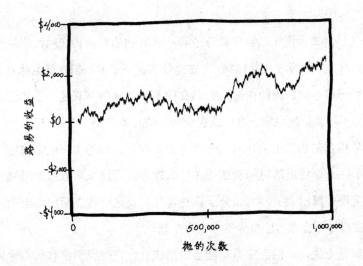

瞧瞧吧！最终他从自己可怜的书呆子侄子那里赢了大约2000美元，至少这段时间是这样的。如果你观察路易运气的好坏，就会看出一点趋势。他在游戏中间似乎暂时有赢的趋势。这个硬币可没动过手脚，路易也没有出老千的意思。这只不过是你的大脑努力得出一种并不存在的规律。如果你曾经做过一些投资，那么在过去两个月[①]中你可能已经在股票指数中看出了同样的规律。你得到的教训是不该尝试预测市场的随机性的涨跌。我们聪明的莫蒂默叔叔总是告诉我们，"买入并持有"。

我们需要做一点儿统计学的小小科普，因为我们要用统计学来解释一些看起来挺神秘的事，你甚至可能没有意识到其中的奥秘。回过头来看赫尔曼表弟，他刚刚知道宇宙正在惩罚他[②]。当然，他无法想象出世界上一共有多少种惩罚他的方式，为了挑事，戴夫给出了一个让赫尔曼晚上睡不着觉的理由。"想象一下，"戴夫说道，"你正在客厅里安静地写作，住在墙壁上的隐形人直愣愣地看着你，突然房间里所有的空气都飞进厨房，你开始窒息。"是不是很可怕？而且从理论上来说这种事情并非不可能发生。

"好好想想吧。"戴夫一边说，一边屏住呼吸跑了出去，留下了赫尔曼

---

① 本书写于2009年早些时候，那时整个股票市场趋势看起来是非随机的。

② 宇宙和他在一起的原因……你和我们猜的一样准。

一个人在客厅。

空气是由氧、氮、二氧化碳分子和一些其他的东西构成的，当这些分子四处乱飞时，频繁发生相互碰撞[①]。这没什么大不了的，但这就意味着分子们在一间屋子里东奔西跑的同时，它们真的不能忽视所有其他分子的运动。选定某个分子，我们发现它在客厅或在厨房里的几率差不多是五五开。

如果你是随机宇宙的化身——"宇宙骰神"，你的工作就是决定一个特定的分子在一个特定的时间应该待在什么地方，而这事可以通过抛硬币来解决。如果硬币掷出人头，就让分子待在客厅，反之就待在厨房。至少在原则上，宇宙骰神不会在客厅里弄出一个真空吧？

从理论上说，你的卧室**有可能**自发形成真空，但我们很有信心地说宇宙之中永远**不会**发生这种情况。下面就是你大可对此放心的原因。想象一下，假设两个房间之间"只有"一百万个分子——在现实中可有比这个数多得几乎难以想象的分子。但由于我们已经限定了分子数为一百万，那就继续用下去吧。平均意义上来说，一半的分子会在厨房里，一半在客厅（假设两个房间差不多大小）。大部分的时间内，无论哪个房间都拥有不超过50.1%的分子，当然也不会低于49.9%。这些数字并不新鲜，戴夫和路易叔叔在娱乐室玩抛硬币的时候你就见过了。

让我们来研究一下这事吧。这并不是什么大事，不过请记住，这些数字只代表一瞬间的分子数。赫尔曼在这一秒是安全的，并不意味着他不会在下一秒就死了。他完全不用担心。即使他在客厅待上一辈子[②]也不会发现自己正抓着喉咙喘着气。如果我们把这个数字放大，使得一个房间中的分子数和现实情况一样，那么我们会发现房间里空气分子密度的变化永远不会超过一万亿分之一。

当你对付如此巨大数字（比如一个房间里的分子数）时，随机性的要求

———————————

① 作者的原话是"它们几乎不发生碰撞"，但空气分子的碰撞频率是每秒数亿次，原文显然是错的。——校注

② 这太荒谬了。赫尔曼从15岁开始就住在阁楼上了。

如此严格，我们不妨说这是一种法则。比如空气会从高压区域向低压区域移动，直到一切处在均衡状态下。但当一天快要结束的时候，我们发现并没有什么东西是能确定的。这只是到目前为止许多可能会发生的事情中最有可能的结果罢了。

如果你现在还不相信我们的话也没关系。为了使它在更熟悉的情况下更加明确，接下来请允许我来介绍我们的外甥布瑞恩。他可是一个非常重要的年轻人，并不仅仅是那种生活在父母房子地下室的青少年。他是一个**地下城城主**，骰子玩得非常好。布瑞恩知道一个标准的六面骰子对任意给定的点数都有均等的机会。也就是说，你掷出6的概率和5、4、3、2、1都是一样的。但是如果掷更多的骰子会怎么样呢？具有相同分布的骰子的**总和**的几率会发生改变。

为了用你更熟悉的方式举例，杰夫同意扮演布瑞恩的最新战役中的半兽人。为了塑造角色，他拿起三个普通的六面骰子[①]。如果同时掷出这三个骰子，最有可能抛出几点呢？杰夫可以掷出3点——但这只有当所有的骰子都掷出1才会出现。另一方面，他更容易掷出点数总和为10的情况。这有很多的组合，例如4-3-3、6-2-2、6-3-1等都可以满足。所有的骰子都是1看起来很漂亮，可这只有一种办法才能得到它。而从另一方面来看，得到骰子总和为10或11的办法更多，这代表的是一种重要的**无序状态**。

换句话说，与保持咖啡杯的完整相比，我们弄碎一个咖啡杯的办法更多；台球分散在球台表面比整齐地排列成一个三角形要容易得多。由于使得一个系统混乱的方法远远多于使系统有序的方法，例如空气分子、一个昂贵的花瓶、宇宙本身等，因此，事件的自然状态会越来越趋向于随机态。这个原理被称为热力学第二定律。这听起来更像是一个承诺：随着时间的推移，孤立系统的混乱程度**将要**增加。

从这个基本原理出发，自然而然地得出了一个物理规律。热量会从你喝的热可可饮料中流到你冰凉的嘴里。这听起来很理所当然，但意义可是（一

---

① 如果你了解三个六面骰子的重要性，那么是时候展现你的魅力了！

语双关）真的令人心寒。例如，太阳和其他恒星不断地消耗自己的能量，它们的热量统统流入宇宙。与此同时，宇宙的背景温度在绝对零度之上3度。这意味着宇宙中的行星、恒星、星系，甚至地球都只是炽热的灰烬，相对来讲，它们会不断朝空间中传递热量。由于混乱状态导致的最大可能就是物质和热量分散在整个空间中，结果就是我们的宇宙最终被冻死。

虽然如此，我们并不打算把这件事告诉赫尔曼。他已经吓得不敢离开厨房了[①]。我们不需要再用别的事情吓唬他了。

放射性碳定年法是什么原理？

在某种程度上，我们说，空气中的分子总是选择在赫尔曼的客厅或厨房之间随机乱窜。我们之前随便提到的关于宇宙骰神的想法好像是世界上最自然的事。但那只是疯人呓语罢了。你有没有想过事物在最初的地方是怎么具有随机性的？

宇宙骰神

①　甚至就在梅维思姨妈一边谈论拇指囊肿一边朝着面包布丁咳嗽的时候。

世界上有两种"随机"过程。一种情况是，系统是确定的，但也许你只是没有足够的信息，或者你不能很快地计算出结果，并借此预测会发生什么事情。举抛硬币的例子来说。如果你在空中给它打电话，并且知道它的准确位置、定向、重量、旋转，以及风的方向和速度，理论上就可以通过计算机运算数据，得出硬币最终的朝向。我们可以在几乎相同的条件下重复相同的实验，并得到相同的结果。如果能制作一个精密的掷硬币机器人，那么我们就可以每次都掷出人头那一面。

事实上却有太多的不确定性与硬币同在，气流的走向、掷硬币的方式、在硬币何处施加了力，实际上没有办法进行计算。这就是我们用硬币作为随机数发生器的好处。同样，扑克牌的次序，或一个轮盘赌球看起来也都是很随机的，在一天即将过去的时候，我们真的无法知道足够多的初始条件。就像是一个晕头转向的城主试图计算僵尸攻击造成的伤害，我们的计算速度就是跟不上。

但掷硬币可不是掷原子，亚原子范围内的随机性还是很不一样的。从极端情况来看，宇宙真的是非常随机的。这不仅仅是因为我们没有足够的信息，如果我们在完全一样的初始条件下重新播放宇宙这部电影，量子力学确保我们不会得到相同的结果。双缝实验中，在测量之前我们真的不知道光子将选择哪条缝。

量子随机性在各种微观现象中随处可见。对这个问题的大多数关注集中在了关于粒子的放射性衰变上，这是杰夫与赫尔曼表弟讨论这个话题的由头。赫尔曼很关心放射性，他怀疑加氟的自来水中有能控制思想的物质。放射性既可行善，也可作恶。

放射性的产生是因为并非所有的原子都是稳定的。这是自然界中的普遍趋势，系统会尽可能降低能量。有的时候，如果你把一个原子放置太久，它便会分解成更小的粒子。当然，如果在这个过程中它的质量损失了，那么通过排放有害物来释放超出部分的质量的过程称为辐射。如果辐射具有足够的能量，就会造成严重的伤害。

我们回头来看第二章中讨论隧穿效应时采用的一个例子。如果时间足够长，铀的一种同位素铀238会衰变为一个氦核和钍核①。平均而言，这种同位素不得不等待约45亿年才会有约一半的原子衰变（这大约是太阳的年龄），这就是放射性衰变所谓的"半衰期"。如果你将一块纯的铀238放置45亿年之后，想看看还剩下些什么？你会发现这块铀中还有一半的铀原子，而另一半已经变成了其他的物质。那些"其他的物质"主要是铅，因为钍本身并不稳定，平均不超过一个月就蜕变为镁。镁的半衰期只有几分钟，最后它衰变为铅。铅相对这些元素来说是稳定的，也就是说它的半衰期可以长达宇宙的寿命。

衰变并不是渐渐发生的。恰恰相反，单个原子衰变是在一瞬间发生的。而且铀自己并不知道等多久才会衰变。上面可没有时间戳。但是想象一下宇宙骰神盯着一个铀238原子，每秒投掷一次具有100万亿个面的骰子。一个接一个的数被掷了出来，可是并没有发生什么事情。最终，他毫无预兆地扔了个1出来。这个1代表了稳定性被破坏，呼地一下！衰变发生了。如果宇宙骰神对每个原子都这么玩上45亿年，那么我们发现半数铀原子没发生变化，而另一半衰变了——然而我们无法预测究竟是哪一半会衰变。

我们可以利用这个想法来研究各种各样的东西。例如，碳14是宇宙射线撞击高空大气产生的，它会慢慢地渗进空气中。所有生物过程都要用到碳，包括植物和动物都吸收了碳14（连同更为常见的碳12）。我们身体（或者茎）中的碳14和碳12比例和大气中的比例是一致的。

直到我们离开这个世界。

我们死后，碳14开始以5700年的半衰期衰变成氮。我们可以对所有曾经活着的东西，或由活物做成的东西进行采样。由于碳14会衰变，而碳12却很稳定，通过测量现在两种元素的比例，并比照二者在大气中的比例，我们可以估计对象已经死了多久。尽管放射性碳定年法已被视为考古学和古生物学

———————
① 铀在核弹和反应堆中的同位素是铀235，不过铀238也一样不招人喜欢。

中非常有效的工具，但从根本上说这可是基于量子物理学的^①。

可以肯定的是，没有证据表明原子会知道他们什么时候衰变，衰变与其他所有的量子现象一样，基本上来说是随机的。这种不确定性是让人深感不安的，如果有一些方法来重新安排这个体系，使不确定性消失，世界将会更让人觉得惬意。但我们真的能让它消失吗？

上帝会和宇宙玩骰子吗？

爱因斯坦可不喜欢认为大自然真的是随机的。你可能听说过他不以为然的态度："上帝不和宇宙玩骰子。"对于爱因斯坦而言，这可是相当严重的科学保守主义了，简直让人想起水蛭治病、以太传光和害怕女巫的可怕旧时代。他相信如果我们知道宇宙中足够多的细节，那就能够**精确地**预测它会如何演变。

量子力学创建时爱因斯坦也出了力，人们认为量子力学推翻了确定性的大厦，但事实上，爱因斯坦从来也没有完全赞同过量子力学。爱因斯坦**就是**爱因斯坦，如果他对你的理论有疑问，那你最好赶紧把问题给处理了。在很长一段时间内，尼尔斯·玻尔^②能回答人们提出的各种疑议，但直到1935年，爱因斯坦和他在普林斯顿高等研究院的同事鲍里斯·波多尔斯基、内森·罗森都认为他终于提出了一个量子力学无法解决的悖论。爱因斯坦的目的是想证明上帝确实不和宇宙玩骰子。

这不只是一个哲学意义上的辩论。放射性衰变或者粒子位置的测量要么确实是随机的，要么只不过看起来是随机的。我们用到的小技巧是找到一种方法来证明到底真相是怎么样的。我们将马上描述EPR悖论（如此命名是因为爱因斯坦和他的那些同伙），为了便于理解，我们打算举一个具体的例

---

① 这可真是让你的朋友远离科学的病态方式。

② 量子力学的哥本哈根解释的创始人。

子。布瑞恩、赫尔曼、戴夫（每次聚会都会带来一些书呆子的知识）一边讨论着梅维思姨妈烹制的美味沙拉，一边决定制作一个"纠缠机"。

我们的机器将测量一种所有基本粒子都具有的性质，叫作"自旋"。一个自旋带电粒子会产生一个很小的磁场。由于磁力的相互作用，我们就可以让电子通过一块条形磁铁，用来测量它的自旋方向。

自旋可比你想象的要奇怪得多。如果你选取一个沿特定方向自旋的电子并让它旋转一圈，那么它的自旋就跟开始时不一样了。你必须要让它旋转两圈才能回到它的初始状态。这是量子世界让你迷惘的另外一种方式罢了。

布隆伯格一家可以把条形磁铁做成一个自旋探测器，我们可以随意转动这个磁铁。如果让它保持垂直，就可以测量粒子的自旋是向上还是向下；如果保持水平，可以测量自旋是向左还是向右。自旋是特别有用的，因为这使得我们有可能做出这样一个真实系统：产生两个粒子，它们的自旋**完全**相互抵消。如果某一个粒子有一个向上的自旋，那另一个必然向下自旋；如果一个朝左自旋，那另一个必然向右。这就是我们所说的"量子纠缠"。这个很酷的词的意思是说，如果知道一个粒子的量子特性，我们就能说出另一个粒子的量子特性。

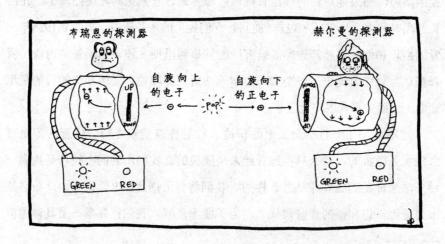

我们要在量子纠缠机中利用这种自旋属性。这台机器的中间有一个小

格，我们时而会在其中制造一个电子和它的邪恶双胞胎反粒子——正电子①，它们的自旋始终保持相反。电子沿着长长的管道运动到左边，布瑞恩拿着一个小的探测器，而正电子朝着赫尔曼飞到右边，那里也会有一个类似的探测器。"探测器"含有一块磁铁，可以测量电子或正电子的自旋方向。为了不再反复提到上下左右，他们设定如果探测到电子自旋向上，就会亮起一盏绿灯。如果它的自旋向下，那么就亮起一盏红灯。而对应的赫尔曼这边的亮灯情况就恰恰相反。

现在两个探测器面对面开动了（如前页图中所示），它们发射了许多正负电子对。在一次又一次的实验中，当布瑞恩看到绿灯（电子自旋向上）时，赫尔曼也看到绿灯（正电子自旋向下）。同样的，当布瑞恩看到红灯时，赫尔曼也看到红灯。

这看起来可能不算是什么大事。我们可以很容易想象一个类似的例子，用黑白色的弹珠代替纠缠机。如果布瑞恩拿到白色的，他不用看就知道赫尔曼的弹珠是黑色的，更不必叫他叔叔过来确认。但哥本哈根的量子力学解释是不同的。在量子世界中，布瑞恩测量他的电子自旋之前的瞬间，自旋同时处于上**和**下的状态，直到测量的时候它才"决定"是向上或向下。实验的**最终**结果使得爱因斯坦对整件事持有很大的异议。根据他的推测，应该只存在两种可能性：

1. 从中央的格子发射出去的瞬间，无论是在天堂还是人间，我们都无法知道布瑞恩的电子或赫尔曼的正电子的自旋——甚至宇宙自己也不知道。

   但不知何故（这正是爱因斯坦咬住不放的地方），这两个粒子能够**完全同时**决定它们想干什么。我们假设布瑞恩比赫尔曼早测量了一纳秒，然而在这一纳秒内，布瑞恩的电子似乎需要发一个消

---

① 我们下一章会用更多篇幅讨论反物质，现在，你只需要把"正电子"当成一个方便的标记。

息给赫尔曼的正电子告诉它该怎么自旋。但是电子和正电子相距很远，而它们俩又不得不在瞬间互相传达信息，信号传播的速度似乎要比光速更快。

这就是EPR悖论。如果自旋（以及其他量子力学属性，包括那只倒霉的猫的死活）确实是随机的，却又不知何故信号需要传送得比光还快。即使你完全没看懂第一章的内容，单凭直觉你也会觉得这是不可能的。

2. 爱因斯坦的理解是，电子（和正电子）早已"知道"它们会选择哪个自旋。唯一不知道秘密的人是布隆伯格一家子。哈，他们正忙着做实验呢。

爱因斯坦和他的合作者认为，现实不仅仅包含我们能直接测量的那些变量。他称这个想法为"隐变量"，听起来似乎很熟悉？那是必须的。我们在第二章中看到，量子力学的哥本哈根解释到20世纪中叶仍然很不容易让人接受，而爱因斯坦关于隐变量的想法促使了玻姆的量子力学"因果解释"的形成。爱因斯坦认为，本质上来说，宇宙知道一切的答案，只是物理学家还不知道该如何去找到答案。

第二个选择当然直观上看起来更正确，这是爱因斯坦在大辩论中所选择的武器。可是从另一方面来看，直觉曾经让我们失望过。我们需要一种实验方法将这两种观点区别开来。爱因斯坦对量子力学的质疑作为一个很重要但无法证实的猜想持续了约30年。从某些方面来说，这也许是一件好事。这意味着大多数计算，无论是爱因斯坦的"隐变量"，或是随机的解释都可能是正确的，因为两者产生相同的结果。

然而，正如结果所示，被隐变量所控制的地球，其表现会与随机宇宙非常不同。1964年，约翰·贝尔在斯坦福大学想出了一个判别方法来确定宇宙是否真的从根本上是随机的。"贝尔不等式"确实是有点太"数学"了，我们可以通过建立一个"局部现实机"来揭示其本质。你可以在本章的最后找到关于机器设计的说明书。如果你想了解克利夫斯·诺兹的版本，那么这个想法是，如果布瑞恩和赫尔曼先给探测器随机指定测量方向，再多次运行电子/正电子发生器，那么爱因斯坦的"隐变量"的图像表明，他们会观察到同样颜色的灯亮起的次数超过一半。另一方面，量子力学的哥本哈根解释认为结果恰好是一半。

尽管我们有数学工具，可这个实验在将近20年的时间内从技术上来说是遥不可及的。直到1982年，艾伦·爱斯派克特和他的合作者们制造了一个极其类似现实机的新装置来验证EPR悖论。他们发现恰好有一半的结果是亮起同样颜色的灯。换句话说，量子力学的哥本哈根解释获胜。电子没有像爱因斯坦所希望看到的那样像是预先设定了结果。

这个结果会产生一些奇怪的意义。这意味着通过测量纠缠电子的自旋，相应正电子就会以**快得超过光速的速度**强制进入相反的自旋状态！这也太疯狂了，你说呢？爱因斯坦甚至称此为"灵异的超距作用"。不过别担心，我们可不需要把婴儿（相对论）和洗澡水一起倒掉。事实上，我们只需要很细微地调整一下关于不可超过光速的规则即可。由于你不能用量子纠缠横穿整个宇宙发送消息，所以我们只需要加上一句携带信息的东西不可超过光速。

上帝看来真的会跟宇宙玩骰子。但对我们来说，**最大的**不确定性在于我们是否要把骰子游戏请出家庭聚会。

默明的局部现实机

虽然贝尔不等式的实际推导过程涉及很多数学知识，但它的关键内容可以不涉及任何高等数学，这就为康奈尔大学物理学家戴维·默明的"局部现实机"假设提供了基础。现实机需要对布瑞恩和赫尔曼的电子发生器做一个简单的调整，让我们彻底明白EPR悖论是否能推翻量子力学。你所要做的就是计数，唯一你可能会问的问题就是："会有什么东西的出现次数超过一半吗？"

我们不妨假设爱因斯坦是正确的，在每个电子内有一个微型的程序。无论布瑞恩和赫尔曼怎么定向探测器，程序将告诉探测器哪个灯会亮，而且它必须考虑所有可能发生的情况。例如，如果探测器是垂直放置的，那么某个特定的电子就会让它亮绿灯。如果探测器是水平放置的，那么这个电子就会让它亮红灯。正电子也有相同的程序。

我们需要调整一下发生器，使得当测量电子或正电子的时候布瑞恩和赫尔曼可以将探测器旋到三个位置上。

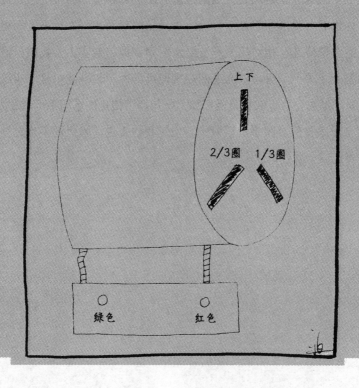

布瑞恩和赫尔曼可以将探测器旋到这三个位置当中的一个位置上：A）上一下，B）1/3圈，或者C）2/3圈。

我们之所以挑选这几个特定的选项，是因为量子力学有一个非常特殊的预测。如果我们让现实机一次又一次地运行，而每一次布瑞恩和赫尔曼都随机选择位置，那么量子力学断言恰好有一半情况会亮起同样颜色的灯。

我们知道"恰好一半"一定让刚走出郁闷的你又倍受打击，对此我表示歉意。大部分时候，我们希望你对事情有一种直觉，但在这种情况下，"一半情况"的结论源自相当复杂的量子力学计算，希望你也能接受这一点。

那么爱因斯坦的"隐变量"预测了什么？接下来这些话你可没必要一字不落。对电子来说我们只能设置八种可能的程序：

	（A）上一下	（B）1/3圈	（C）2/3圈
1	绿	绿	绿
2	绿	绿	红
3	绿	红	绿
4	绿	红	红
5	红	绿	绿
6	红	绿	红
7	红	红	绿
8	红	红	红

回忆一下这些程序是如何工作的。如果爱因斯坦是正确的，那么无论布瑞恩或赫尔曼如何放置他们的探测器，电子都需要提前知道哪盏灯会点亮。本质上来说会有8种不同的情况可能产生。

每个程序中只有两个变量可以在任何时刻同时测量，因为我们只有两个探测器。这张表格告诉我们，当布瑞恩或赫尔曼选择某个位置放置探测器时，哪盏颜色的灯会亮。所以如果布瑞恩把他的开关拨到上一下位置（A）时，他会看到一个绿灯点亮。他不知道该电子到底是预先设定了绿绿绿、绿绿红、绿红绿，还是绿红红，但是宇宙知道！

当根据某个特定程序设定的电子和正电子发射出来时，现实机就会产生一个有趣的结果。如果布瑞恩和赫尔曼随机拨动探测器的位置，他们有多少次会看到同样颜色的灯亮起？

我们考虑两个简单的程序：绿绿绿和红红红（第1种和第8种情况）。在这两种情况下不管发生什么，布瑞恩和赫尔曼会从探测器上得到相同的读数。"总是"肯定比"一半时间"更频繁。

一个更有趣的情况是绿绿红。布瑞恩和赫尔曼拨开关有9种不同的方法：A-A，A-B，A-C，B-A，B-B，B-C，C-A，C-B，C-C。我们出于担心不得不把所有情况列出，因为这种情形十分微妙。在这九种方法中，布瑞恩和赫尔曼会在其中5种（A-A，A-B，B-A，B-B，C-C）中看到相同的灯点亮。而九分之五大约是56%，这就超过一半了。

其他6种可能的程序：绿红绿、绿红红等，都和绿绿红完全一样，因为两个槽的设置相同，只有一个不同。在这些情况下，布瑞恩和赫尔曼在56%的时间内得到相同的信号。

爱因斯坦的模型中，无论怎样设置电子的程序，布瑞恩和赫尔曼都会在超过一半的情况中得到相同的信号。另一方面，如果量子力学是正确的，他们恰好有一半情况会得到相同的信号。

爱因斯坦最终以眼泪收场。

第四章
粒子物理标准模型

"为什么大型强子对撞机不会毁灭地球?" [1]

嗨,鲍勃,拿着花干啥去?

今儿个是周五,

你知道周五适合做什么。

每个周五都这样。

中微子相互作用微弱 [2]。

---

[1] 要是在本书出版后,大型强子对撞机真的毁灭了地球,那么我们将向您致以最诚挚的歉意,并愿意为本书提供全额退款。

[2] Neutrinos interact weekly 是个谐音梗,它的字面意思是中微子每周都有交流。——译注

2008年3月21日，华尔特·瓦格纳（Walter Wagner）和路易斯·桑丘（Luis Sancho）在美国联邦法院提起了诉讼，目的只有一个——拯救世界。他们声称，危险来自几个月后将要投入运行的大型强子对撞机（简称LHC）。机器一旦运行，将会产生许多微型黑洞，这些黑洞会聚合在一起，最终吞掉地球。

这两位并不是个例。作为物理学家，总是会有人问我们LHC是否会摧毁地球，甚至是否会摧毁整个宇宙。这类纠缠不休的追问让我们觉得自己像是在扮演毁灭人类的偏执狂。呼吁关闭LHC的管理机构欧洲核子中心（CERN）的网上请愿比比皆是。有些请愿书写得非常有吸引力，合理地呼吁对这种可怕的情形进行研究和预防。但现有的大部分在线请愿书看起来像是愤怒的孩子写的一系列手机短信：

2008年9月10日CERN即将开动一台叫作大型强子对撞机的仪器。那么，这是为了科学目的，我不懂。要是成工地话我想信许多科学问题可以解答。但是！如果对撞机真的成工了。我们也可能永远无法知道那些答案。（原文如此）

就连虽然看起来根本没啥关联的诺查丹玛斯[1]，也"想"在**这里插一脚**，从遥远的过去发来了不怎么友好的怒吼声：

IX-044

Migrés, migrés de Geneue trestous,

逃跑吧，所有人都逃出了日内瓦，

Saturne d'or en fer se changera:

天空从金色变成钢铁色：

Le contre Raypoz exterminera tous,

反基督者即将终结所有，

Auant l'aduent le ciel signes fera.

在天空昭示这一切之前。

当然，诺查丹玛斯没能预言李安版的《绿巨人》拍得糟糕透了，因为**大家都看得出来**。从外表来看，**LHC确实像个末日机器**：它是位于地下的一个大圆环，周长有27千米；它太长了，实际上它穿越了法国和瑞士边界多达4次。你可以认为LHC是一个光速怪物嘉年华，其中的粒子被加速度到光速的99.999999%[2]，然后相互撞击。正如我们在第一章看到的，能量和质量可以互换，所以在这样的极速状态下，大堆大质量粒子被创造出来。这是近代历史中粒子碰撞方面最大的成就，同时人们害怕这种碰撞产生的某种物质可能会毁灭人类。

---

[1] 诺查丹玛斯，法国籍犹太裔预言家，著有诗体预言集《百诗集》。有研究者从中解读出对原子弹、飞机等重要发明的预言。——编注

[2] 这个数字不是为了夸张而编造的天文数字。我们已经知道光速是最快的速度，但这并不意味着在加速器上我们不能获得极度接近光速的粒子。

其实这根本不可能。

首先，"粒子加速器"听起来可怕，但它并不是什么新技术。如果你家里曾经有过老式的电视机，你其实已经见过粒子加速器的简单应用了。老式电视机用阴极射线管加速电子，通过调整电子束的位置，在你的屏幕上显示魔术般的动态画面。LHC内在的机制略有不同，但就像电视机一样，粒子加速器能够让我们开心，也能让我们恐惧。①

早期的"粒子对撞机"

那么LHC到底会带来什么？LHC是我们迈向大自然的终极原理的重要一步？或者就像伊卡洛斯有一对用蜡做的翅膀，结果因为飞得离太阳太近而坠海身亡，我们会因为追求知识的态度傲慢而遭到惩罚吗？

放心，所有人都会安然无恙。我们怎么会知道呢？这个问题我们暂且搁置一会儿，因为在弄清为什么LHC不会产生任何威胁之前，首先得弄明白为什么最初要建造它。

 ## 那么，为什么我们要建造值数十亿美元的加速器？

在高中物理中，任何东西都好像是任意的公式大杂烩：假设你有一个滑

_____

① 比如，只要你连看两天新版《还珠格格》，就会知道有些痛苦是令人无法忍受的。

轮，做**如下**计算；假设你有一个斜面，就要用别的公式计算；如果存在加速度，就得又来一个公式；就这样接二连三地算下去。说实话，按部就班地套用公式可能是使人们开始离物理越来越远的原因。

这真是一种耻辱，因为物理学并不像人们认为的那样令人恐惧。物理学的目标是尽可能少的循规蹈矩。但这并不是说，如果我们知道了这些简单的定律，然后再做物理学**计算**就会简单。假设你有个从来没有见过国际象棋的朋友[①]，你可以花上几分钟向他讲述象棋的规则，然后他去观看一场象棋比赛，注意，一切都发生在他已经了解规则的情况下，但他很可能仍然不怎么会玩。

我们带着沉重的气氛开始这一章——假设世界将被毁灭。我们希望大家能轻松一些，把物理学想象成一个游戏，或者一组游戏——就像网球或者羽毛球的赛场。这两种游戏很相似，都是有两个或多个选手在一张网的两侧来回击打同一个球，基本原则就是让对方接不到球。

我们的目标是弄懂游戏的规则，指出哪个选手可以进行比赛，然后就球赛聊上一两句。理想情况下，我们将最终证明所有看似完全不同的游戏，事实上是一种超级酷炫的大竞赛，就像十项全能比赛。物理学家已经做出了非常出色的工作，他们把这场竞赛归纳为两个部分：

1. 比赛选手：就是一大群基础粒子。
2. 比赛：有4种作用力，每种力都有一套非常相似的规则。并不是所有的选手都要参加所有的竞赛。

总体上来说，这个粒子和规则的集合被称为"标准模型"。标准模型不仅仅描述构成宇宙的**物质**，而且还是一个方便使用的双关语标题。

---

① 如果你努力结交朋友，那么我们知道你肯定能交到一个朋友。

标准模特，哦，是标准模型，强烈吸引着物理学家们。

让我们从最基础的理论开始：所有的物质基本上都是由原子①构成的。这个思想至少从1789年就形成了，当时化学家安托万·拉瓦锡提出假设，你不可能把东西无限分下去，最终你可能得到最小的粒子。这些"不可分的"粒子当时已经被称为原子，但直到上个世纪，我们才真正了解原子有多么小、多么紧密。

1909年，欧内斯特·卢瑟福做了一个实验，他把一束高速的"阿尔法粒子"②射向一片极薄的金箔。绝大多数阿尔法粒子径直地穿越了金箔，连偏转都没有。但是，偶尔有阿尔法粒子会反弹回来。用卢瑟福自己的话说："这简

---

① 至少，你所能看到和感觉到的所有物质都是由原子组成的。但当我们谈到暗物质的时候，这个说法就不适用了。

② 现在看那时候对粒子的命名，听起来有点科幻。因为我们并不知道它们的物质构成，就给它们起了诸如"阿尔法粒子""贝塔粒子""伽马射线"这样的名字。它们可以分别替换为"氦核""电子"和"高能光子"。那时候的名字听起来似乎更酷，这或许可以解释为什么蒸汽朋克又流行起来了。

直不可思议，就像你用一枚40厘米的炮弹轰击一张纸，结果它却反弹回来打到你一样。"显然，前面我们提到那个努力想使物理学"生动有趣"的夸张的教材封面，就是基于这段话。

卢瑟福发现，在原子的中心有一团极小的东西。我们说它小，那是真的小。这个小团我们称为原子核。对于后面我们在讨论宇宙学时将用到的庞大尺度，以及这里我们用到的亚微观尺度，使用"科学计数法"会更容易些：原子核大约是原子体积的10^{-15}倍，也就是0.000 000 000 000 001个原子大小。更直观一些说，这大致相当于一座房子与整个地球的比例。原子质量的99.5%都集中在核里，因此可以说原子中绝大部分地方都是虚空。

即使原子核如此之小，它也并不是最基本的。假如你能够设法进入原子内部，就能够发现一些**更小的**粒子，称为"强子"，当然你可能已经知道它们各自的名字了：质子和中子。质子，实际上就是在日内瓦的"大型强子对撞机"上彼此相撞的小家伙。这两种强子除了两点之外几乎完全不可分辨，这两点是：中子质量要比质子大0.01%，质子带有一个正电荷，而中子是电中性的——它的名字就这么来的。我们有点儿担心电荷的意义难懂，但老实说，如果在干燥的冬天穿过毛衣，你可能已经认识它了。

我们已经说过原子质量的99.95%都在强子上，但还没有提到剩下的那点儿质量，这种成分显然充满了非常巨大的原子空间。这些小东西被称为电子，我们在第二章描述过它。这回我们想谈的是作为"基本粒子"的电子。不管你怎么敲它砍它，它也不会变成更小的东西。

按数量来说，电子跟质子和中子一样常见，但对于一个体重70千克的人来说，只有140克的体重来自电子。如果你把身体内的所有电子都取出来，它们只相当于你的两只眼球的重量。和质子一样，电子也带有电荷，但跟质子不同的是它带有一个负电荷。在正常的原子里，质子数和电子数相等，因此整体呈电中性。

科学博士问答：我们能发明一种缩小射线，把原子变小吗？

原子里绝大、绝大部分体积都是由真空构成。当然，原子里有核和电子。而且我们在第二章里看到，电子并不像一个轴承里的钢球，或者桃子肉（原子核相当于桃核）。它是一个巨大的概率波。我们就不能发明一种射线或者奇妙的装置把电子云变小点儿吗？当然，这不会让重量减轻，但我们的缩小射线能够把行李变得像个馅饼，长途旅行也就轻松了。

这里我们就会遇到不确定性问题。正如我们在第二章看到的，当你把电子限定到一个较小空间来制造超小原子的时候，海森堡不确定性原理指出这些电子的能量也一路攀升。能量之高将导致电子逃脱原子核的电磁力束缚。

归根结底，原子的大小来自许多物理学常数组合的直观结果，这些常数是：电子电荷、普朗克常数（它告诉我们量子力学作用的强度）、电子质量、光速等。假如我们能够重新构建这些基本的物理学常数，才能够制造出迷你型原子。在此之前，你还是买个更大的箱子更方便些。

中性，不仅仅限于瑞士[①]和原子。无论宇宙中的物质是怎么创造出来的，它们总是具有恰好相同数量的正负电荷，所以整个宇宙现在、过去、将来都是中性的，总电荷数为零。无论是在地球上，还是在其他地方，你不可能做出任何电荷不守恒的实验。这就导出了我们关于基本作用力的第一条基本规则：

电荷既不可能被创造，也不可能被消灭。

你可能也想到了，在遵守电荷守恒的规则下，这个世界上发生的事情可不止把质子和电子挪来挪去这么简单。比如让我们来瞧瞧中子吧。某种程度上，中子就像在医生办公室里的病人，让他自己等上10分钟左右，中子就变成碎片飞走了。不同的是，病人会朝护士大喊大叫，而中子自行飞散的同时，还会跑出来一大堆其他粒子。

———————————
① 瑞士是第一个永久中立国。——译注

跑出来的粒子中最大的是质子。这可能让人很吃惊，因为我们说过电荷必须守恒。但请这样想：假如还有带**负**电荷的东西一起出来，抵消了质子正电荷，那就没问题了，比如说像电子一样的东西。其实飞出来的**就是**电子！

除此之外，中子衰变还产生了别的东西，但现在我们想先给大家提醒两点：1. 和一般的直观印象相反，中子并不是由质子、电子和其他东西构成的，中子只是衰变成了这些粒子。2. 与前一条有关，质子和中子都是由一些我们还没有提到的**东西**构成的。

我们过会儿就会提到其他的基本粒子，你很快就会被淹没在"粒子动物园"里。我们不打算让你背诵一大张基本粒子表，因为它们至少有18种，这还不包括同一粒子的一些诡异的变种，它们之间从本质上来说没什么差别。为了方便读者您，我们在本章结尾做了一组附录，其中包括了你想知道的关于粒子动物园的一切。真的，不用谢。

现在你所了解的，实际上是一个世纪前人们对于构成我们自身的物质的了解，但我们将要更深入一些，看看在最深层次的物理规律是什么样的。这就是为什么我们要在LHC把粒子活生生地撞得粉碎。我们希望这些质子就像皮纳塔[①]或者影视明星俱乐部成员：如果你使劲敲打，就会有一些好玩的东西掉出来（come out）[②]。

这个圆形的大环就是加速器的质子跑道，有两束质子以接近光速的速度彼此迎头飞来。正如我们在第一章里所讲的，把粒子加速到这样的速度要耗费非常非常多的能量。计算一下数字的话，要把这两个质子加速到足以撞毁对方，根据爱因斯坦的质能公式$E=mc^2$，它们具有的能量足以在对撞中**制造**14 000个质子。一旦两个质子迎头相撞，会产生很多东西，但所有的一切都得遵循我们的第二个基本规则：

———————————

① 皮纳塔源自中国，在用纸包裹成水牛状的盒子里装满糖果礼物，庆典时用棍子敲击。让里面的东西掉出来。——编注

② 伙计们，俚语真的很有趣。我们中的一位（戈德堡）在整个高中时期都是"数学运动"代表队的，所以我们这是在说谁呢？（come out又有同性恋出柜的意思，美国高中男子运动队成员由于体型健美经常成为被调侃的对象。——编注）

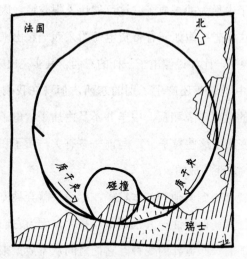

大型强子对撞机

能量既不可能被创造，也不可能被消灭。

不过，能量**能够**从动能转化为质量，这就是我们使用粒子加速器使粒子相互碰撞所要做的事情。

我们是怎么发现亚原子粒子的？

具有超高能量的质子相撞，能产生比我们所用到质子的质量大得多的粒子。但要是加速器所"制造"出来的粒子质量这么大，为什么我们还需要加速器呢？巨大的粒子不应该更容易被发现吗？

这话对，但也不对。确实，假如在我们周围的太空中飘浮着大质量粒子的话，我们就不必大费周章去找它们了。问题在于，只要可能的话，宇宙中的一切都倾向于向处于较低的能量水平的状态变化。你把一个保龄球放在桌面上，这个位置让它具有相当高的能量，然后你要是轻轻推它一下呢？它就会从桌子上掉下来砸到你的脚上，也就是到了具有低能量的位置。既然能量和质量是等价的，这也意味着大质量的粒子会发生衰变（只要可能的话），在很短时间内就变成了质量**较小**的粒子，我们在第三章讨论放射性的时候已经讲到过。

大多数大质量粒子只能存在百万分之一秒，甚至更短的时间，然后它们就衰变成较轻的东西了。既然时间开始已经大约137亿年了，那么估计所有的大质量粒子已经彻底地完成了衰变过程。你可能猜想所有的一切都最终变成了我们所熟悉的普通的质子和中子，但你知道你做假设的时候发生了什么，对吧？

在宇宙中，高能的带电粒子不停地被发射出来。从太阳、我们银河系的其他位置、超新星，只要能量高的地方，就会发射高速质子。这些带电粒子称为宇宙射线，它们在宇宙中呼啸而过，直到撞上其他东西为止。如果我们的地球周围没有磁场，那"其他东西"可能就是你的细胞，宇宙射线就会伤害细胞，甚至导致我们死亡。这也就是为什么你应该听妈妈的话——别老是在外面待着不回家。宇宙射线一刻不停地撞击着我们的大气层，与氧气和氮气发生碰撞，在这个过程中产生质量更大的粒子。就像有人从来不刷牙一样，大气层平流层以上到处都是脏东西：比如μ子、κ介子和π介子。

这些粒子的生死不过一瞬间[1]，所以产生并且测量它们的最好方法就是在加速器里面。只要我们让具有足够高能量的粒子相撞，然后借助公式$E=mc^2$，瞧！大质量的粒子就诞生了！利用加速器这种手段，我们更容易预测它们什么时候会出现，从而更好地研究它们。

但宇宙射线退化形成的大质量粒子并不是仅有μ子和π介子。我们前面提到过，其实就连中子也挺容易衰变的，这与质子的性质大相径庭[2]。你等上约十分钟，中子就会衰变成一个质子、一个电子（所以总电荷守恒），以及我们之前没有告诉你的一个粒子，称为反中微子。

先别紧张，我们马上来解释"反"和"中微子"是什么意思。先从"中微子"开始。这个词来自它既是电中性的，也无法直接看见。事实上，既然

---

① 从技术上说，在你一眨眼的时间里，上亿个π介子已经度过了它们充实而精彩的一生。

② 也许。我们在第九章重新讨论这个问题。

看不见，那么我们怎么知道它就在那里呢？聪明的猜想！

1930年，沃尔夫冈·泡利对中子衰变提出了一个新的解释。当时已经发现，在中子衰变时，质子和电子有时候会朝同一个方向飞出去。就像生活中的很多东西一样，泡利对中子衰变的解释可以通过超人故事来说明。

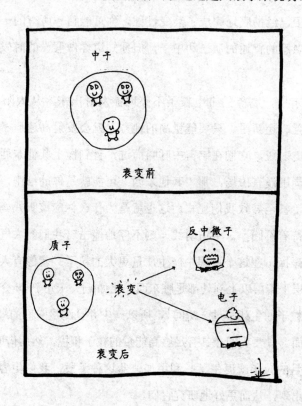

想象一下隐形女侠和她的老公神奇先生[①]正在一个结冰的池塘上滑冰。他们相互推了对方一下，神奇先生向一个方向滑走，虽然我们看不见隐形女侠，但她必然也向相反方向飞去。石头人（The Thing）从岸上看到这个情形的时候，只看到了神奇先生向后滑去，看上去毫无道理。但石头人立刻判断出是怎么回事了，他**知道**一定有一个人，一个看不见的人，朝相反方向滑走了。

泡利（在这里扮演了石头人的角色）意识到，肯定有一个看不见的、鬼魅般的粒子存在，它就是电中性的反中微子。

---

① 实际上，神奇四侠也正是通过宇宙射线获得了超能力，这样的话这个例子就有了双重意义。

中微子（在这里是反中微子）非常轻，在很长时间里被认为是完全零质量。但在1998年，日本的超级神冈实验证明中微子实际上是有质量的。虽然这个实验令人难忘，但也必须注意到，此时物理学家还没有实际测出来它的质量。我们将在第九章再讨论这个问题，但目前我们可以确定地说，它的质量要比电子小得多。

至于"反"这个字，别被这个字吓坏了。"反"仅仅表示"相反，相对"：反粒子与它对应的粒子具有恰好相对应的量子数。反物质有着很糟糕的名声，因为所有人都知道，要是一团反物质和正常物质相遇，它们就会猛烈爆炸，把所有的质量转化为能量释放出来。反物质本身是无害的。假如我们突然把宇宙中所有的粒子拿走，全部换成反粒子（包括构成你身体的那些粒子），你不会察觉到任何区别。

 ## 为什么不同的粒子有不同的规则？

目前我们已经对所有的基本作用力设定了几条基本规则，现在该谈谈正题了，让我们从最显而易见的情况开始。

引力

根据记录显示，在1687年艾萨克·牛顿爵士"发现"引力之前，人们当然已经知道了引力的存在。比如人们能够制造石炮。人们知道如果向上射出箭，它最终有望穿透战场另一侧敌人的盔甲。如果没有引力，哈利法克斯刑架，也就是断头台的雏形，就只是个摆设，它的刀锋将毫无意义地在机器上飘荡。

但牛顿用一组简单的公式，就能够高度精确地**预言**苹果的下落、月球的轨道和行星的路径。他的定律很简单，又足以解释大量的现象。牛顿定律证明宇宙中所有的天体都通过引力彼此吸引，距离越远，引力越弱。

但牛顿并没有解决所有的问题，直到阿尔伯特·爱因斯坦在1916年发展出了广义相对论，我们才能够真正理解引力。当讨论时间机器（第五章）、整个宇宙（第六章）和大爆炸（第七章）的时候，我们真的需要操心一下牛顿到底哪里出错了。但对于现在所展开的讨论，他已经**足够**正确。

在这之前我们说过，每种作用力都很像某种拍打运动。如果我们必须要形容一下，那么引力看起来有点像羽毛球。它需要一个开阔场地（实际上是整个宇宙），而且作用力很轻。你可以比较一下被羽毛球砸中与被其他运动器械打中的感觉，你不用多久就会忘了自己被击中过。

这是个极好的开场游戏，不仅仅是因为它对任何年龄层次的人都安全，而且人人都乐意去打。所有的粒子，无论是大质量的还是其他的，都会产生引力场而彼此吸引。

电磁力

和引力总是彼此吸引不同，电磁力可能既有相互吸引的，也有相互排斥的。你已经知道了，粒子可能包含三种不同类型的电荷：正电荷、中性和负电荷。当电子互相靠近时会互相排斥，而正电荷和负电荷的粒子对，比如质子和电子，总是相互吸引。如果两个粒子都是电中性，它们彼此就无作用力。

电子相互排斥

两个电子之间既有引力作用，也有彼此排斥的电磁力。就像上图里的恶俗人士一样，我们都有一种不健康的攀比倾向，所以我们每个人脑子里都在问——在引力和电磁力之间，谁才是主宰？

电磁力获得了胜利，而且它并不是在最后一轮比赛才险胜，而是完全彻底的胜利。两个电子之间的电磁排斥力要比它们之间的引力大10^{40}倍。**这个数字也说明**，当我们讨论原子或更小尺度的时候，完全可以忽略引力。

你可能注意到了，我们在这里把这种力称为"电磁力"，但目前为止我们只谈了"电"的部分。乍一看，电和磁好像截然不同，但从本质上看，这种区别仅仅是视角不同造成的。也就是说，静止的电荷产生电场，运动的电荷产生磁场——这就是第三章里电磁铁的工作原理，以及我们如何理解旋转的带电粒子。同样，变化的磁场能够产生电场，电场又产生电流。

令人吃惊的是，电磁力足以解释你日常生活中的所有物理现象。电磁力的排斥防止你的屁股陷入到椅子里面去。相互吸引的电作用使分子束缚在一起，这是所有化学知识的基础。对，静电力使气球贴在墙上不会飞走。

那么磁力呢？除了条形磁铁和核磁共振成像机外，我们在日常生活中没怎么见过太多磁铁。但它们在粒子加速器上极端重要。当带电粒子（比如质子）在磁场中飞行时，它的轨道是圆形的。磁场越强，运动速度就必须越快。在LHC的环形轨道上有大量的磁铁，质子束即便在接近光速的情况下也被束缚在轨道上。

电磁力就像是网球。它的运动速度比别的运动脚步更快，那些模糊的小绿球（光子）就是发力攻击的运动员。中性粒子不能参与这个游戏，因为光子"看"不见它们，就好像把球拍落在妈妈家里的运动员一样。

所有的**带电**粒子都参与电磁力竞赛。

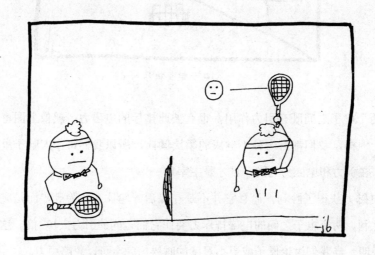

强核力

引入电磁力非常必要，因为我们观察到了原子和分子的存在，这类现象无法用引力来解释。即使引力和电磁力加在一起，还是不能解决所有的事情。

比如氦的原子核，它由两个中子和两个质子构成。如果只考虑电磁力，两个中子还能袖手旁观，但质子们可**真的**不想挤在这么狭小的范围里。在每个氦原子核里，质子之间的电磁排斥力足有55磅！为什么电磁排斥力不会把氦核炸飞呢？

在两个质子和两个中子之间必然存在另一种力，迫使它们在一起。这种力被称为强核力，它只有在非常、非常、非常小的尺度上才起作用——这个尺度大约是10^{-15}米。我们已经说过很多这样的数字了。直观地说，原子核的宽度与你的身高之比，就跟你的身高和我们到最近的恒星半人马座 α 星的距离之比差不多。

实际上来说，这个兔子洞还能挖得更深。在20世纪60年代，斯坦福直线加速器上进行的深度非弹性散射实验，把高能电子打进了原子里。被弹开的电子表明，在质子和中子内部还有其他物质——质子和中子并不是基本粒子，而是由更小的物质构成的。这些更小的物质今天被称为夸克。

夸克跟电子和中微子一样，它们是我们抽象游戏中最终的参与者。事实上存在着6种不同的夸克（在本章附录里有它们可爱的鬼脸），但到目前为止只有两种最轻的夸克与我们有关：上夸克（带有+2/3单位电荷）和下夸克（带有-1/3单位电荷）。质子由2个上夸克和1个下夸克组成[1]，中子则是2个下夸克和1个上夸克[2]。把它们紧紧束缚在一起的力就是强核力。强核力真是非常强，实际上，在质子和中子之外从没有人见过孤立的夸克！

强核力很像乒乓球运动。活动空间很小，而且是正面激烈交锋。只有夸克（以及由夸克构成的质子和中子）才能玩强核力的游戏。

弱核力

介绍强核力的时候，我们说必须这么做，因为有些无法解释的现象是引力和电磁力所不足以解释的。我们之前已经提到过一种现象——中子衰变。我们说，让中子自行其是，它就会衰变成一个质子、一个电子和一个反中微子。**这种现象**，用我们已经说过的三种作用力，依旧无法解释！

我们不得不又发明（好吧，是假设）一种新的作用力。由于好名字已

---

[1] 上+上+下=2/3+2/3-1/3=1，把夸克的电荷量加起来，就得到了质子的电荷量。挺酷吧，哈？

[2] 这回的算术题我们留给你做啦。

经用完了，我们提议称之为"弱核力"。中微子是颇具特色的弱核力代表粒子，因为（电中性）它们一定不能玩电磁游戏，且只有夸克才能玩强核力游戏。事实表明，中微子和电子除了电荷上的差别，其他都很相似，在某些条件下，弱核力允许中微子变成电子，反之亦然。

每秒钟都有上万亿个中微子穿过你的身体。在太阳里，每时每刻都产生千万亿个中微子，然而即便是巨大的探测器每天也只能捕捉到少数几个。这种相互作用之弱，足以表明弱核力之得名是恰如其分的。由于中微子**只能**通过弱核力产生相互作用，所以你不能直接看到太多中微子。

弱核力很像玩健身球。它只能近距离玩，慢慢地扔，而且玩不了多久就挺无聊了。实际上这比喻已经告诉我们它**为什么**这么无聊了。健身球实在太重了，即使那种典型的、胡子拉碴的老肌肉男也扔不了多远。

弱核力就像玩健身球

夸克、中微子、电子都可以参与弱核力竞赛。好吧，每个人都能来玩，但就像我们刚才说的，这个竞赛太慢了，不常有。

相互作用究竟从何而来？

我们这次是把基础作用力作为竞赛开始讨论的，但我们还没有谈到一个重要的对象，它才能使竞赛具有乐趣，那就是球。想想吧，要是没有球，网球只是一种精神病式的挥拍竞赛——在粒子物理中也是一样。正如我们刚刚所理解的，如果我们把两个电子放在桌子上，它们就待在那里了。它们仅仅通过电磁场（或弱作用场、引力场）的联系发生相互作用。所以，如果没有场，它们就"看不到"对方。

场从何而来呢？这两个粒子一定以某种方式告知对方自己的存在。这可以在两者之间"发射"另一种粒子来实现。这个信使，或**中间人**，就是实际传承作用力的粒子。两个电子来回发射带有这个信息的粒子："我在这里"，"走开！"[1]

电磁网球赛中这个中介粒子叫作光子。在第二章里，我们已经花了大量时间来讨论光子，而且已经知道它们是零质量的，并以光速运动。在这暗能量充斥的宇宙里，我们实际上总是被不断产生湮灭的光子所淹没。

我们之前已经讨论过，根据环境不同，光可以被看成粒子，也可以看成波。更一般地来说，波其实就是一种场，你在时间和空间的任何地方都可以探测到。如果带着一个天线在房屋周围走，你会探测到各种强弱不一的无线电信号，有时弱，有时强。这就是电磁场。光子就是这样一小份的电磁场，在空间中以光速传播。场还有强作用场、弱作用场、引力场，每一种场都有其对应的粒子。

强核力的中介粒子称为胶子。和光子一样，胶子也是零质量的，以光速运动；但和光子不一样的是，胶子总是受到分离焦虑的煎熬。虽然光子是电磁作用的承载者，但光子本身是电中性的，它并不实际**感受**到电磁力。

能感受到强核力的粒子还具有另外一种不同的"荷"，命名为"色

---

[1] 或者，也可能是，"你觉得我有魅力吗？"悲哀的是，答案总是一成不变，当然是"没！"

荷"。强核力的红、蓝、绿类似电磁力世界中的正、负，支配着夸克在强作用场中的作用力。要是你想拿出彩笔来画出强核力，那是不可能的。这只是用来迷惑普通人的古怪命名习惯而已，这样的习惯还有很多。

不过，电磁作用规则和强作用规则之间有一个重要的区别。和电磁力一样，"运动员"（夸克）有"荷"，但不一样的是，"球"也有荷。胶子不仅仅**承载**强核力，它们也**受到**强核力，这与光子形成鲜明对比。胶子彼此联系，并缠在一起形成叫作胶子球的结构。这意味着胶子走不了多远就会被"绊倒"；这就是强核力被限制在原子核内的主要原因之一。对夸克来说限制还要更甚，所以夸克就像J. D. 塞林格和托马斯·品钦一样成了自食其力的隐士。在原子核之外**从没有**人看到过夸克。

我们的引力理论，即广义相对论，实际上并不要求任何中介粒子的存在。我们在第六、七章将讨论更多关于广义相对论的内容，但事实上相对论看起来太过不同，恐怕只有当"万有理论"（或者在任何水平上都可信的一种理论）发展起来之后才能够解开这个谜。

如果所有的作用力"确实"都是一样的，那么它们不应该都各有一种中介粒子吗？这个想法提出引力是由一种被称为"引力子"的粒子承载的，但它不仅从来没有被探测到，甚至还不曾建成一个足够灵敏的实验装置用来发现它。不过，我们确信假如引力子真实存在的话，它们一定是零质量的。这就是为什么它们能够在非常遥远的距离上发射引力信号。

弱核力看起来十分与众不同，因为只有它们具有**三种**中介粒子的作用力。弱核力也不像其他力的中介粒子有很酷的名字，它们只是被叫作W和Z玻色子[①]。为什么弱核力如此弱，以及为什么它仅仅在亚原子距离内才有效？我们已经知道答案了。它们太重了，就像健身球一样，很难通过遥远的距离。你看起来好像无所谓，但根据最简单的理论，弱核力就像电磁力等所有的作用力一样，应该有一种零质量的中介粒子。为什么W、Z这些粒子如此特殊呢？

---

① W有两种不同的形式，所以我们就有了三种中介粒子。

在物理世界里，不一致是很糟糕的事情。物理学家**简直**是爱死它们了。他们在课堂上给对称性传纸条，放学后给对称性送花。一般物理学家所谓的对称性，是指你可以对系统做某些变动，而不会改变其内在的物理规律。

设想一下，有一天你带着你的侄女和侄子去打迷你高尔夫球，根据传统的性别习惯，你给你侄子蓝色球，给你侄女红色球。当游戏开始以后，谁用蓝色球谁用红色球就无所谓了，因为它们都一样。

现在再设想一下，当玩到一半的时候，你用一些美味的冰淇淋转移了孩子的注意力，然后把红色球跟蓝色球对调。如果你告诉孩子们你对调过了，那么没什么问题。他们能很容易地从上次中断的地方开始，你的侄子这回打红色球，侄女打蓝色球。当然你不能只换掉一个，并在球场上放两个红色球，这样一来，他们就不知道该打哪个球了，你就成功地毁掉了小清新们美好的一天。

让我们用更科学一点儿的方式来代替打球。对称性很重要的原因是它很基础。任何两个电子，或任何两个同类基本粒子，都是完全一样的。在微观层次上，你无法判断说，是**这个**电子或**那个**电子。你只能简单地说，那里有两个电子。

几乎所有的电子都还有另一个性质，称为**自旋**，正如我们前一章谈到EPR悖论的时候所见到的。电子自旋可以朝上或朝下。如何区别？从大多数情况来说，根本没有什么区别。比如，自旋向上的电子的质量和电荷，与自旋向下的电子没有任何差别。另一方面，如果我们让一个自旋向下的电子通过磁场，它偏转的方向与自旋向上的电子略有不同。而且，磁场可以把自旋向下的电子转换为自旋向上，反之亦然。这就是对称。在这里就是对称性在起作用。物理学家注意到这两个粒子除了一些微小的差别，性质基本一样。我们将它们视为**同一**粒子的两个副本。

当然，有时候这种类似也会显得很不自然。比如，在迷你高尔夫场上，你把红色球和蓝色球换来换去不会有问题。它们打起来都一样。但要是我们把红色球换成了一个保龄球呢？从打高尔夫球的角度来说，这次调换就是一个"坏的对称性",因为一只球能够进洞,而另一只不行。不过,要是你的目的不是打高尔夫球,而是想看看地面是否水平,无论是保龄球还是高尔夫球都同样能达成这个目的。

除了上面说的,电子还有另一个性质,称为它的"相位",实际上这不能通过测量知道。唯一能够测量得到的是两个电子的"相位"之间**相差多少**[①]。具有不同相位的电子在某些方面是完全相同的粒子,有些方面又有所不同。

电子这事儿太令人讨厌了!

20世纪40年代,加州理工大学的理查德·费曼找到一种全新的角度来审视这个问题。他提出了如果有一种能够改变电子(或其他带电粒子)的相位的场,那会怎么样呢?通过数学计算,他最后发现这个场**恰好**就是电磁场。从这个诡异的假设(将改变电子的相位)出发,能够预言光的一切性质。要是他这个计算提前40年,就能早于爱因斯坦预言的光子存在。

我们完全承认,这种称为量子电动力学(QED)的方法,看来完全是编出来的。但我们还完全不知道为什么我们的宇宙采取了对称的方式来构建物理定律。我们只知道对称性观点**确实**是有效的。

如今,科学家们考虑问题时会更多地考虑到"对称性"这个老朋友。既然这种方法对一种基本作用力有效,那么对其他力或许也可以成立?表面上看来,中微子和电子似乎并不大像。举个例子来说,电子是带负电的,而中微子是电中性的。从电磁力的观点来看,它们的差别很大。虽然这两个粒子都非常轻,可中微子的质量如此的小,以至于很长一段时间内,物理学家假定它们完全零质量。

然而确实有一些东西联系着电子和中微子。如果从一个反应中出现了中微子,你可以压上全部身家赌一定有一个电子从某个地方出现了。所以也许两者之间具有对称性——尽管很微不足道。假定有一个弱核力场(实际上是

---

① 你可以把"相位"理解成老款电视机上的调节旋钮。就算你稍微往上拧一点儿,图像还是可以凑合显示出来。

三个弱核力场）可以把一个电子变成中微子，反之亦然，或者一个上夸克变成下夸克，或允许中微子和其他的中微子碰撞。场中小小的"斑点"可以被视为探测到W和Z粒子。

我们可以通过相同但是复杂得多的原理得出胶子（强核力的载体）的特性，或假想的引力子（引力的载体）的特性，但是我们不打算这么干。我们（LHC的研究人员）对解决弱核力之谜感兴趣。当我们的对称性计算几乎完全成立时，弱核力方程就像电磁方程一样自然地出现了。

可惜仅仅是几乎完全成立。

在第一章我们看到了另外一种对称性的形式。当时我们并没有立即指出，但是我们发现（无论你是以恒定的速度运动或静止站立）宇宙中的物理规律都是成立的。我们也看到了粒子表观速度会随你的运动状态而改变。有一个例外：零质量的粒子总是以光速运动的。

显然零质量的粒子有特殊的地方。我们运用对称性原理得出的结论是，希望每一个中介粒子都是零质量的，光子和胶子就是如此。虽然我们从来没有检测到引力子，事实上引力以光速传播意味着引力子是零质量的。

W和Z粒子从另一方面来看有很大的质量[①]，具体数值大约是质子的一百多倍。为了体现真正的数学精神，我们需要一些**严肃地**胡诌的方程式来解决这个问题。

 ## 我为什么不能将重量（或质量）全部丢弃？

根据最乐观的猜测，之前我们所描述的对称性原理确实阐述了宇宙的基本方程。粒子真的可以从一种转化成另一种。如果这个猜测是正确的，我们也许可以预言每种基本相互作用、电子和中微子的存在性、不同种类的夸克等问题。

---

① 当它们坐在房子的四周时，它们真的是占满了房子的**四周**。

然而我们办不到。就像一个相扑选手站在跳杆前，这里的问题是质量。不只是W和Z粒子应该零质量。如果我们从零设计一个最简单的可能的宇宙模型，就得假设夸克、电子和中微子也是零质量的，可它们并非如此。

大部分物理科普书都在着眼于描述真实粒子的质量，讨论诸如"自发对称性破缺"等科技术语。这些术语是一种密码，能够描述那些修正物理方程的数学计算（咳咳），能预言我们实际看到的粒子的性质。

现在我们不想扯的太远，这没有什么可撒谎的。事实上这才是科学的最大亮点。你提出一个理论，发现宇宙并不遵循你的预言，然后你就发明出一种新的工具来修正其中的数学计算。最开始的时候，夸克就是作为一种数学工具被发明出来了，可后来变成了它们碰巧是真实存在的。

介绍我们绕过问题所需的数学看起来很傻，然而对我们来说能探寻问题的本质就不傻。在20世纪60年代，爱丁堡大学的彼得·希格斯提出，在宇宙中除了我们已经谈到了中介粒子场以外可能会有另外一种场，现在一般称为希格斯场。希格斯场和前面提到的场有巨大的不同，那就是希格斯场并不传递作用力。

希格斯场到处都是，事实上你正沉浸其中。可如果希格斯场就在周围，我们为什么没有注意到呢？希格斯场都做了些什么？最简单的一个解释就是你可以将它想象成一种糖浆。把夸克放在一大桶的希格斯场中，然后给它一点推力，会发生些什么呢？与希格斯场产生互相作用之后，夸克会比你想象的更难推动。在物理上来说，越难移动的东西质量越大。在这个意义上来说，希格斯场"给"了粒子质量。

我们不希望继续深入这个比喻。如果希格斯场真的像糖浆一样，那么一个粒子一旦开始运动就将开始慢下来。这显然不会发生。基本上仍然是电磁场产生的相互作用使得带电粒子运动，希格斯场产生的相互作用给了粒子质量。

看似我们在瞎编乱造，对吧？

但是，这不仅仅是焦躁不安的科学家抓住的救命稻草。我们曾说过，宇宙中的各种基本作用力可能是同一种作用力的不同表现。例如从历史上看，人们曾认为电和磁是完全不同的现象。直到1865年，詹姆斯·克拉克·麦克斯韦证明它们只不过是电磁相互作用的不同表现罢了。

从那时起，物理学家们就一直试图证明还未统一的四种作用力可以统一成三种、两种，直到一种为止。这到底是什么意思呢？毕竟基本作用力**看上去**很不一样。直到现在都是不一样的，但事实证明这一切都取决于在你看来宇宙有多炙热。

1961年，谢尔顿·格拉肖、斯蒂芬·温伯格和阿卜杜斯·萨拉姆证明，电磁力和弱核力是一样的。这看起来是一个了不起的成就。弱核力和电磁力之间的差异是巨大的。电磁的中介粒子具有零质量，而弱相互作用通过W和Z粒子起作用，这些粒子是非常非常重的。基于这些特点我们可以得到一个结果，电磁相互作用可以影响到很远的地方，而弱相互作用只能在很短的距离内起作用。

现在你懂了，这些作用力是不同的。这很**奇怪**。为什么两个看似无关的东西被统一在一起？格拉肖、温伯格和萨拉姆在早期宇宙的高温高能量环境中观察这些作用力。他们发现一个完备的电弱相互作用的理论存在四种中介粒子，它们的相互作用强度都差不多大。

然而当宇宙冷却下来的时候，希格斯场（自始至终在周围）似乎有些累了，它开始了退休生活（比喻）。三个电弱相互作用的中介粒子（W粒子和Z粒子）在希格斯场中得到了质量，而光子继续保持零质量。

这似乎是一个不错的故事，除了有一点小问题。我们需要一个理由才能相信两个完全不同的作用力可以结合在一起。电弱统一理论并非可以无限成立。我们不能只是对老掉牙的故事修修补补，然后希望它可以一直说下去。电弱统一理论最可靠的一个预言是关于W和Z粒子的质量比。这个理论预言Z粒子的质量比W粒子重13%，这个预测已在不可思议的高精度下被实验证实了。

所有这些道理成立的前提是，希格斯场必须得存在。否则电磁场和弱场仍然需要统一。否则就得选择承认这个理论错得离谱，那就不得不从头开始。不过，听从群体理性的声音，我们可以假设目前希格斯场是真实存在的。在这种情况下就像所有其他的场一样，希格斯场中的一个小点应该能被我们当作一个真正的粒子而观察到。唯一的问题是希格斯粒子是电中性的（也就是说很难在正常环境中探测到），并且质量很大，这意味着它很难被对撞机制造出来。即使造出来了，它也很快会衰变。

我们不知道它到底有多重，但假如它其实很轻的话，我们就该发现希格斯粒子了；可如果它太重了，那么W粒子和Z粒子的质量比就不是它们现在的样子。这两个约束条件告诉我们，希格斯粒子质量的极限大约是质子质量的120至200倍，这个游戏的名字叫寻找希格斯粒子，目的就是找出它的质量有多大。2009年早些时候，在LHC诞生之前，费米实验室的物理学家使用粒子加速器对撞机表明希格斯玻色子的质量**不可能**是质子质量的170倍到180倍之间。

我们该怎么从对撞机中把这些熊孩子中的一个拽出来？到这会我们已经谈到了质子束的对撞，实际上它比一个质子撞击另一个有趣得多。当粒子加速时，它们获得了相当高的能量。但当两个质子碰上时，这不是质子本身的碰撞，而是里面黏糊糊的东西在碰撞。

内部的每个夸克和胶子都在对撞机的旅行中获得了大量的能量，它实际上是胶子之间的碰撞，并释放出大量的能量用以制造出大质量的粒子，比如希格斯玻色子。

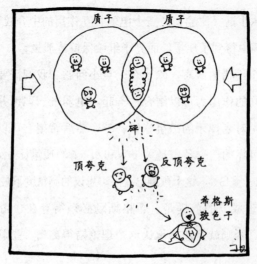

其中很多内容都是我们的猜测，至少是在我们已有知识的基础上进行的非常粗略的猜测。我们知道这些粒子从来没有在任何粒子加速器中被探测到，但是LHC代表我们做过的能量最高的实验。这意味着我们已经覆盖了以往的加速器中质量范围的下界，最终能够探测到理论预测的质量最大的希格斯玻色子。我们相信，如果把两个夸克以足够高的能量对撞，一个希格斯玻色子会从中冒出来的。

如果它存在的话。

 小小的LHC会摧毁这个世界吗？

我们略微知道要建造LHC的原因，但大家也知道好奇心会杀死猫①。如果能发现希格斯玻色子就太好了。这当然证明了我们是何等的聪明，但也许也会恨自己有时候聪明过头了。

比如说，如果我们可以通过两个夸克碰撞，得到一个大质量粒子——希格斯玻色子，那么这个过程会不会产生别的更危险的粒子呢？粒子的高能碰撞当然会产生很多东西。令人害怕的是，当两个粒子碰撞的时候，很可能创造出一些颇为可怕的东西：一个黑洞或一些奇异的物质，即所谓的"奇异夸克团"。它们中的某一个会毁灭世界吗？

壮观的死亡场景一：地球被一个黑洞吞噬

我们将在第五章里谈很多关于黑洞的事，但现在你只需要知道一个重要的事实：如果你把钥匙掉在一个黑洞里了，那就随它去吧。伙计，它们再也回不来了。关于无法返回的情形，有一个观点被我们称为"事件视界"，掉进去的东西越多，事件视界就越大，于是黑洞也会变大。

---

① 你可能已经在第二章里看到了。

所以如果两个质子在LHC中互相撞上了，会莫名其妙地变成一个黑洞吗？这种情况下产生的黑洞的质量最多是单个质子的14 000倍——用常规标准来看是小得微不足道的。而且事件视界会比一个原子核的尺寸还要小很多倍。就算你想让一个粒子掉进这个黑洞，也必须瞄得**非常非常**准。

看到这里你也许会觉得这可以让人放松点，别傻了！记住，我们的微观黑洞是无法阻挡的杀人机器。如果黑洞遇到其他的粒子，它就会吞下它们迅速长大。令人担心的是微观黑洞先形成，然后开始成长，随之下落到地球的中心，在那里它会继续增长，并最终吞噬地球。

挺吓人的，对吧？

LHC和它的主管单位欧洲核子研究中心，对和LHC有关的公众问题非常关注，他们于2003年和2008年设立了两个评估组，试图研究世界是否真的将要毁灭。他们的结论是："所谓LHC可能产生任何威胁都是无稽之谈。"好吧，**他们当然会这么说**！但是，如果我们多思考一下也会得到同样的结论。

第一条令人安慰的消息来自这样一个事实，从某种意义上说，整个LHC已经在地球上运行了大约十万次，而我们仍然在这里聊这件事。宇宙射线的粒子比在LHC中的粒子的能量还要高，它们正在不断击中大气层。假如高能质子碰撞会有危险，这种危险早就发生过无数次了。

地球仍然存在，因此，LHC也不会毁灭地球。

让我们忘记地球仍然没有被毁灭这一事实，再来考虑一下它**为什么**还没有被毁灭吧。首先，尽管LHC具有巨大的能量，但我们制造的粒子的质量存在一个上限。我们之前说过，粒子质量的上限大约是单个质子质量的14 000倍。实际上，这个极限还会更小，因为碰撞的只是夸克和胶子，而不是整个质子。在实验中，我们只能制造出1000倍左右于单个质子质量的粒子。

另一方面，我们来了解一下宇宙的运作规律。黑洞的最小质量大约是二百亿分之一千克，即所谓的"普朗克质量"。普朗克质量看起来很小，但这是LHC能制造的最大的粒子质量的一千万亿倍。

这种极限是从哪里来的？它来自不确定性。在第二章里我们知道不能绝对确定一个粒子**在哪儿**，而质量越小的粒子就具有越大的不确定性。另一方面，当我们谈论黑洞的时候，意味着所有的质量都是局限于事件视界内的。其结果是如果一个黑洞太小，那么它都没法"装进"自己的视界里。从这个临界点出发我们可以得出普朗克质量。

我们所知道的一切都暗示着，如果黑洞质量小于普朗克质量就不能形成。但如果我们错了，它们**还是**形成了呢？

在第五章中我们会看到所有的黑洞最终都会消失。黑洞越小则蒸发得越快。讨论LHC所能形成的黑洞的蒸发速度（假设能形成黑洞的话）有多快是几乎没有意义的。就算我们成功地制造出了黑洞，从黑洞形成到其消失，它所经过的地方比原子核还要小得多。换言之，它根本来不及吸收任何东西。

而且，我们十分确定黑洞**会**以某种方式蒸发。如果我们从粒子物理学中学会了一件事情，那就是：如果你在碰撞中制造出了粒子，它也逃脱不了衰变的命运。

壮观的死亡场景二：奇异夸克团的形成并演变成毁灭世界的晶体

在我们大部分的讨论中，我们关注的操作模式是LHC使单个质子互相碰撞。此外还有另一种方式，他们打算进行重原子（比如铅）的原子核之间的碰撞，这种离子模式引起了新的恐惧。

你可能会认为我们已经涵盖了所有可能发生的糟糕的事情。事实上由重离子组成的大量宇宙射线无时无刻不在撞击着我们的大气层。这和LHC要做的有什么不同？其差异在于大气层中的重离子击中的都是质量较轻的粒子，例如氧、氮、氢等等。所以在地球上，我们从来没有真正看到过两个重离子碰撞会发生些什么。

但是我们有机会看到在月球上会发生什么。毕竟月亮没有大气层，宇宙射线随时都在炮轰着月球。我们看到月亮并没有被毁灭，也许你可以感到安全了。

然而我们听到了来自你不信任的声音。"安全？安全从何而来？"

要回答这个问题，我们首先需要指出的是，除了谈到的上下夸克以外，其实有更多种类的夸克存在。夸克一共有六种不同的类型，上下夸克恰好是最轻的。接下来最轻的是名叫"奇异"的夸克，它们和下夸克一样带了-1/3个电荷。

我们已经讨论过，如果有机会的话，大质量粒子会衰变成较轻的粒子。奇异夸克没有什么不同。然而，实际上由一两个奇异夸克组成的"超核"比正常原子核轻是可能的。你不相信？在一个普通的质子中，只有2%的质量来自上下夸克。其余的则来自能量，包括夸克的动能以及夸克与胶子之间的相互作用能量。

超核也许可以在LHC中形成"奇异夸克团"（由大致相等数量的奇异夸克、上下夸克组成）。这些都是推理，因为奇异夸克等不到我们做实验的时候就会衰变。实际上我们不知道把奇异夸克灌进普通物质会发生什么。结果产生了许多不同的理论。

这些理论中有一部分是彻头彻尾的灾难。恐惧来源于一旦你有一个奇异夸克团，它将和普通物质捆绑起来，普通物质将被催化成低能奇异夸克团。如此循环往复，基本上就摧毁在这个星球和它上面的一切。顺便说一句，这几乎是电影《超人归来》想象中的世界末日的情况，只不过是用奇异夸克团取代氪星石罢了。[①]

这实在是太可怕了——不过奇异夸克团看起来并不存在。布鲁克海文国家实验室的相对论重离子对撞机，在如你期望的那样进行重离子对撞之后，没有发现奇异夸克团存在的证据。同样的，奇异夸克团似乎也不会从宇宙射线的碰撞中产生。

所以请放心，虽然物理可能注定会生产出毁灭地球的设备，但不会是这巨大的地洞哟。

---

① 如果你对这种破坏有兴趣，那么你也会对库尔特·冯内古特的《猫的摇篮》和安定片感兴趣。

如果我们发现了希格斯玻色子，那么物理学家能就此打住吗？

到目前为止，我们期待在LHC中做出的发现都是站得住脚的。如果**发现不了希格斯粒子**，绝大多数的物理学家会觉得非常非常地吃惊。可以肯定的是，LHC不是世界末日，标准模型也不是故事的结局。下面有一点很有意思的东西。

弦理论

无论你是一个顽固的物理呆子，还是拥有社交圈，你都可能听说过一种叫"弦理论"的东西。弦理论是作为用来解释一些迄今为止无法理解的谜团①的方法发展起来的。在该理论下引力和宇宙中其他三种基本作用力非常非常不同。

弱核力、强核力和电磁力都**需要**各自的中介粒子——实际上每种情况我们都已经发现了相应的粒子。而我们的引力理论广义相对论不仅不需要引力子，而且到目前为止也没有找到引力子。更重要的是，在物质的粒子（夸克、电子等）背后的理论应该和作用力载体（光子、胶子等）的理论大相径庭，这看起来非常的奇怪。我们希望的是得到一个大统一的理论——也就是说，一个包含一切的理论，也就是那些酷酷的小鬼说的"TOE"（Theory of Everything）。

虽然弦理论没有发展得尽善尽美，但它仍然是大统一理论竞争者中的领军人物。它的核心队员，如你所料，叫作弦。我们不妨把弦看成一个橡皮圈，一个非常小的橡皮圈，周长大约为10^{-35}米左右。这些弦到底是什么呢？简单地说，它们构成了一切。

---

① 埃塞尔·克拉斯顿夫人，一位来自密歇根贝尔丁的81岁的老奶奶，为了解释她十字绣中那些不好看的纽结，独立地发展了弦理论。这个理论被广大的绣工所接受，但是科学家们却拒绝接受，理由是"编织缠绕错综复杂，以及算法毫无道理地艰深"。

你要知道我们本章中所讨论的所有粒子（夸克、电子、光子等等）在标准模型中都视为无限小，是真正的点。标准模型并没有真的解释清楚为什么一个粒子会有质量、带一个电荷、其他的性质，以及另一个粒子也具有那些性质。

弦理论认为这些粒子看起来像点的唯一理由是我们没有足够近的观察它们。在现实中，"点粒子"是微小的不断地振动的圆圈。如果这个想法听起来很熟悉，那是必须的。这正是我们在量子理论中所看到在各种各样的事物（光子、电子、真空场）的状态。

弦振动越有力，质量就越大；记住，$E=mc^2$反过来也成立。振荡的其他性质决定粒子的一切。为了说明实际上看到的粒子的所有性质，我们认为弦不能只在通常关注的三维空间里振动，这并不意味着弦不存在，只是说我们需要更多的维度。

但可别误会。我们不能进入更高的维度——因为我们会觉得有点挤。有许多——也许是所有的额外的空间维度都是非常微小的，远远超出LHC的探测能力。即使我们能够沿着这些隐藏的维度旅行，它们也会表现得有点像吃豆人①的世界，能让我们瞬间回到起点。

没有什么办法能使弦理论与我们仅用三个维度的世界的物理规律保持一致。在一个又一个理论之后，隐藏的维度越来越多，直到1995年，普林斯顿高级研究所的爱德华·威滕成为这场比赛的领头羊。他的版本被称为M理论，该理论认为我们生活在一个巨大的十维宇宙中。

在许多方面看来弦理论是非常有前途的。它提供了一个框架，在这个框架里所有的四种基本作用可以统一成一个理论。它描述了作用力和粒子只是相同的潜在物理规律的不同方面而已。它甚至可能为空间的本质和宇宙的起源提供解决思路，我们将在第六章和第七章分别阐述。

---

① 给你这些小孩解释一下，吃豆人是一个诞生于1980年的很棒的电视游戏。它是一个黄色的圆，每次一口吃掉更小的白色的圆。如果你在通过屏幕左侧的隧道时消失，会重新出现在右边的隧道里。而且，里面还有幽灵。

另一方面，我们仍然有几个问题。首先，是**很难检验弦理论**。因为弦的尺度太小，我们对使用LHC或其他在可预见的未来能做的任何实验来探测弦理论不抱什么希望。另一个问题是，弦理论也并不能解决所有粒子物理中悬而未决的问题。

圈量子引力

在标准模型中还有另一个大漏洞，一个弦理论回答不了，甚至不去掩饰的漏洞。我们如何调和20世纪的两大理论，量子力学和广义相对论，以及我们的引力理论？这两种理论分别在微观世界和引力非常强的情况下做出了正确的预言。但它们不可能同时成立。在类似黑洞之中或时间之初的环境中，这两种理论本应同时露面，那又会发生什么呢？

想想吧，正如我们在第二章中所看到的，不确定性似乎主导了物理几乎每一个方面——光子的真空能量、电子的运动、光子的路径。量子力学是连接三个非引力作用力的桥梁。这几种作用力的相似之处导致电磁作用力和弱核力被认为是单一的电弱核力。这也是物理学家提出了一种有竞争力的大统一理论（GUTs）来结合弱电力和强核力的原因。引力是不同的。奇怪的是，广义相对论在其他三种作用力中没有表现出任何的随机性。我们真正热爱的理论是量子引力。

有一种方法非常令人兴奋，而且可能会有丰硕的成果，叫作圈量子引力，或简写成LQG。LQG最奇怪的特点是空间本身是量子化的。也就是说，如果你看的尺度足够小，空间将不再是光滑的，而是会出现像素化的特点。我们从来没有在通常情况下注意到这一点，因为这里谈论的尺度大约为10^{-35}米——这个尺度叫作普朗克长度。普朗克长度和原子之比，就像原子和太阳系外离我们最近的恒星的距离之比一样。空间基本上不会比这更紧凑。当我们在第七章中讨论大爆炸时，这将带来一些有趣的影响。

LQG的一个诉求是它不需要超过我们通常使用的三个维度，再加上一个时间维度。它自然地给出了引力子，描绘了使得我们的粒子物理更统一的图景。另一方面，LQG就其本身而言不是包含一切的理论。对其他作用力的定律需要人为引入，夸克以及其他物质的基本粒子也需如此。

所有超出标准模型范围的物理研究似乎都是光明正大的伎俩，为了让我们在LHC实验之后仍有事可做，这是千真万确的。但你真的认为暴力能解决所有的问题吗？无论你喜欢与否，它将用更多的高能爆炸去揭示宇宙的秘密。

附　录
基本粒子点将录

在本书中，我们试图尽量简明扼要地罗列事情。粒子物理的"标准模型"让人吃惊，因为粒子（冗长的）列表是如此简单。宇宙中的物质由两种基本类型组成，轻子和夸克。每个组被进一步细分成三代，每一代中又有两个粒子，其中一个粒子的负电荷比另一个多一些。我们将按代列表，你可以看到所有的粒子都有某些共性。你也可以将这个表当作方便手册来解释那些漫画。

轻　子

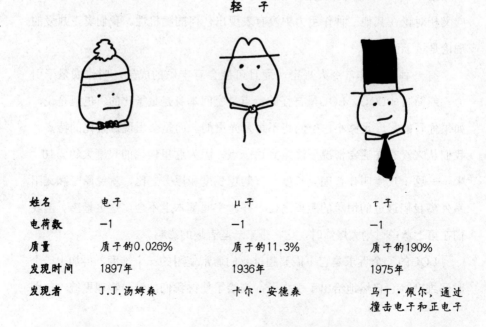

姓名	电子	μ子	τ子
电荷数	−1	−1	−1
质量	质子的0.026%	质子的11.3%	质子的190%
发现时间	1897年	1936年	1975年
发现者	J.J.汤姆森	卡尔·安德森	马丁·佩尔，通过撞击电子和正电子

这些粒子都是带电轻子。他们把电荷藏在帽子里。因为他们带电，所以他们依靠电磁力相互作用。所有轻子也通过弱核力影响彼此，所有粒子处处都与引力相互作用（所以我们就不提了）。电子是唯一一个我们通常能看到的。μ子的衰变速度大约为百万分之一秒，而τ子消失得更快。

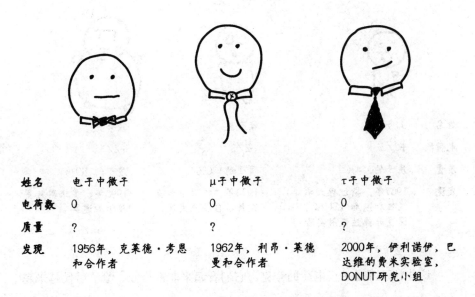

姓名	电子中微子	μ子中微子	τ子中微子
电荷数	0	0	0
质量	?	?	?
发现	1956年，克莱德·考恩和合作者	1962年，利昂·莱德曼和合作者	2000年，伊利诺伊，巴达维的费米实验室，DONUT研究小组

这些家伙没戴帽子，表明它们不带电荷，因此如果看起来一个和另一个很像也并不奇怪。不同种类的中微子可以在毫无警告（仅仅通过交换领带）的情况下变成另一种类型——而且似乎没有任何形式的相互作用。这种"中微子振荡"（2003年，在日本富山附近的KamLAND探测器上得到确认）实际上意味着中微子**必须**有质量。质量是多少呢？这很难说，不过电子中微子的质量上限是小于电子质量的0.3%。而其他两种中微子的质量的上限要更高，根据现在的测量，τ子中微子的质量可以高达电子质量的30倍。另一方面，它却可以比电子质量低得多。

每个中微子的名字都来自于与它们最密切相关的电子向电子中微子、μ子向μ子中微子、τ子向τ轻子的衰变或相互作用。

你注意到第94页中关于中子衰变的漫画，反中微子有一撮胡子。这只不过是我们对经典的《星际迷航》片段"镜子，镜子"（第2季，33集）致敬的方式，邪恶的"反斯波克党"总是有多余的面部毛发。对我们的反粒子来说也是这样。

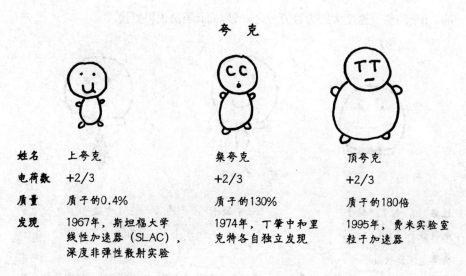

夸 克

姓名	上夸克	粲夸克	顶夸克
电荷数	+2/3	+2/3	+2/3
质量	质子的0.4%	质子的130%	质子的180倍
发现	1967年，斯坦福大学线性加速器（SLAC），深度非弹性散射实验	1974年，丁肇中和里克特各自独立发现	1995年，费米实验室粒子加速器

这些粒子都是带正电荷的夸克。它们看起来非常相似，除了后代越来越丰满。顶夸克是目前发现的最肉厚的粒子。它正从细缝中爆出来，同时这也是最新发现的粒子。

如果我们在这里没有指出一个谜团那就是失职。你会注意到上夸克的质量只有一个质子质量的0.4%。这非常的奇怪，因为一个质子是由两个上夸克和一个下夸克组成。你会注意到夸克的质量总和至多仅为总质量的约1%—2%。那么额外的质量是从哪里来的？

额外的质量来自能量。夸克（以及胶子）飞行速度很快，相互作用非常强烈，正如质量可以转化为能量，能量也可以转化为质量。如果你觉得希格斯粒子可以"创造"质量很奇怪，就将其视为$E=mc^2$反向利用的另一例吧。

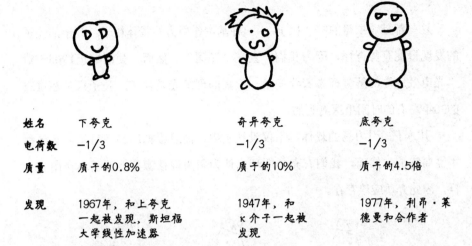

姓名	下夸克	奇异夸克	底夸克
电荷数	−1/3	−1/3	−1/3
质量	质子的0.8%	质子的10%	质子的4.5倍
发现	1967年，和上夸克一起被发现，斯坦福大学线性加速器	1947年，和κ介子一起被发现	1977年，利昂·莱德曼和合作者

　　这些都是带负电荷的夸克。它们中最奇怪的是奇异夸克。1947年，当名为κ介子的粒子被发现时，它们看起来完全是荒谬的。它们衰变成像反μ子和中微子这样的粒子，但质量如此之大（约半个质子的质量），与人们已知的任何粒子都不一致。

　　直到1964年默里·盖尔曼提出了夸克的概念，人们才了解κ介子是由一个反奇异夸克和一个上夸克或者下夸克组成的。在我们真正知道奇异夸克之前它们已经在实验中和其他夸克有所区别了。

介 质

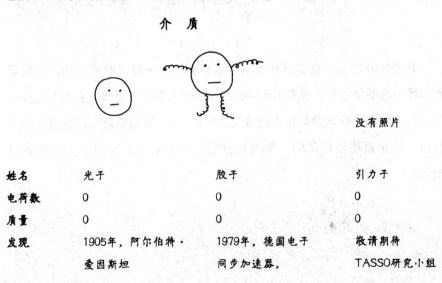

没有照片

姓名	光子	胶子	引力子
电荷数	0	0	0
质量	0	0	0
发现	1905年，阿尔伯特·爱因斯坦	1979年，德国电子同步加速器，TASSO研究小组	敬请期待

这些都是零质量的中介粒子——3种基本作用力的载体粒子。列出的光子的发现日期有些奇怪，因为我们一直在"探测"。然而，爱因斯坦1905年对"光电效应"的解释标志着我们第一次真的理解光是粒子。胶子只是在过去的30年左右的时间里探测到的。

引力子，引力场的载体，不仅没被发现，而且根据广义相对论，甚至都不需要它们。然而，我们有充分的理由认为引力应该像其他的基本作用力一样，因此介质应该存在。

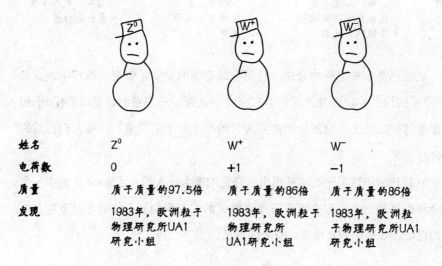

姓名	Z^0	W^+	W^-
电荷数	0	+1	−1
质量	质子质量的97.5倍	质子质量的86倍	质子质量的86倍
发现	1983年，欧洲粒子物理研究所UA1研究小组	1983年，欧洲粒子物理研究所UA1研究小组	1983年，欧洲粒子物理研究所UA1研究小组

这些矮胖的粒子负责承载弱核力。你会注意到除了帽子以外，它们都很相像。这不是巧合。事实上W^+和W^-粒子的关系非常密切，它们互为反粒子。20世纪理论物理学最伟大的成就之一计算Z／W的质量比，结果大约是1.13。这是希格斯模型的一个直接预测，并在实验中得到了无比精确的验证。

这是我们的英雄：

希格斯玻色子。它不带电荷但肯定不缺乏魅力。它是标准模型中唯一还没有被发现的粒子，所以不知道它到底有多大。我们关于它最好的猜测是其质量大约是质子质量的120到200倍。因为它和大粒子相互作用强烈，和顶夸克的关系时断时续。[①]

---

① 希格斯玻色子已在2013年由LHC发现。——译注

第五章
时光旅行

"我可以造一个时光机吗？"

你有没有想过骑着恐龙兜风？和沙皇细细品茗？或者在期货交易中大赚一笔？又或者假设你是一个杀手机器人，那你有没有想过要阻止那个会镇压机器人暴乱的家伙出生？你需要一个时光机，这可来之不易呢。在我们看来，你还不如自己造一个出来，虽然我们不会阻止你建造它，但是我们可以想象得到你的家人不会太开心，他们会告诉你这是不可能的，甚至会指责你的疯狂行为。

但时光机真的是不可能的吗？疯狂有什么坏处吗？

这世上还有比发疯更糟的事情——尤其当你是一个科学家时。普通的科学家可能用阴极射线示波器来测电压，但疯狂科学家也许会**用冻结射线来停止时间**。那么，会有很多英雄被消灭，而他们迷人的女朋友将可能被绑架。如果我们再三这么做，那么疯狂科学可能会取代常规科学成为我们的主修科目。

想想瞬移技术吧，它是科幻层面的疯狂技术的一个典型代表。正如在第二章中看到的，我们已经掌握了漫画书的核心。不幸的是，现在的我们一次只能移动一个原子——即便如此，总比直接移动这种该死的玩意儿容易一些。

问题的关键是，尽管主流漫画书和科幻小说不一定彻底违背科学事实，但很多时候它们不值得费力钻研，这也许是疯狂科学家遇到那么多问题的原因之一。另一个可能的原因就是事实上他们炮制的大部分复杂设备都严重违背某些定律，不仅是为超级英雄所迫而制造的那些，还包括看孩子遛狗的那些。

我可以造一台永动机吗？

考虑一下经典的话题——永动机。这个疯狂科学项目的主要目的就是研制一个永远不会消耗任何能量、不会磨损，并且一直运转的装置①。永动机胜过其他机器的一点就是它能够持续**产生**能量，而这些能量似乎是凭空产生的。

期刊编辑真的很喜欢收到关于永动机的投稿，因为他们可以毫不费力地把稿子给毙了。"不，"他们说，"能量守恒定律②表明你不能不劳而获。"他们可能是在解释守恒定律，但是他们也确实是感觉对了：从局部来讲，能量既不能被创造也不会被毁灭，一个封闭系统内的能量可被转化（比如，转化为或来源于质量），但总的能量必然守恒。

也许怀揣永动机或能量制造机构想的疯狂科学家们很愚蠢。毕竟，这些人向唯一能挫败自己的人展示自己宏大的计划，当然会犯下"无视能量守恒定律"之类的小错误。然而，也有可能是他们发现了时空规则的一个漏洞。

有时候我们很难从普通人中辨别出疯狂科学家。为了能够讲清楚这一点，我们让加州理工学院的理查德·费曼做出一个相当巧妙但故意弄出点缺陷的永动机。想听听它如何工作吗？你**当然**很乐意。为了有助于阐述这点，我们向你介绍一对极富科学魅力的犯罪策划搭档：戴夫博士和他的犯罪同伙——机器人杰夫。

---

① 至少作者中的某位一直坚信，新年摇滚之夜的主持者迪克·克拉克实际上就是台永动机。

② 一个非常基础的原则，它现在被称为热力学第一定律。

1. 戴夫博士站在悬崖下用激光束朝着正上方的悬崖顶端射击，杰夫在崖顶拿着收集器收集激光束。

2. 在收集光束后，他用爱因斯坦的伟大方程式$E=mc^2$将收集的光转化为质量（不用担心特殊情况是如何的）。

3. 机器人杰夫把质量扔下悬崖。如你所知的那样，当你扔下物体的时候，它会获得能量。

4. 瞧！当到达底部时，它比开始的时候有更多的能量。他们可以把一些能量转化回激光，并将余下的另作他用，比如为一个**更强大的**激光束供电。

一台永动机？

正如费曼从一开始就知道的那样，这方案唯一的问题是行不通。

我们还没有想出一种可以违反热力学第一定律的方法，从整个方案中可以看出，随着光从引力源逃逸，它**一定**会有能量损失。如果当激光束从悬崖底端射向悬崖顶端时，光束顶部的能量一定比底部的能量少。另一方面，随着光的下落，它一定会获得能量。这不仅仅是想象或者推测。1959年，哈佛大学的罗伯特·庞德和乔治·丽贝卡测出了光子由杰弗逊实验室底部飞至近74英尺高的顶部时所损失的能量。

这个实验做起来可并不容易。在庞德—丽贝卡实验中，光子只损失了它初始能量的千万亿分之一。即便我们将激光发射到高达外太空的悬崖上，它也只不过损失10亿分之一的能量。你无需感到惊讶，这并不是那种在日常生活中很容易注意到的事。如果引力变得更强，这种能量损失更明显，更容易测量。

接下来我们来看看白矮星，它的引力十分强大，是一个很好的例子。尽管同地球大小相近，但白矮星的质量大约是地球的一百万倍，所以白矮星的引力也大约是地球引力的100万倍。如果你在白矮星上，你将变重一百万倍；如果我们脾气好，就可以开点关于自己是个胖子的玩笑了。

但在宇宙中还有比白矮星更极端的环境。试想站在一个非常非常大，引力非常非常强的星球表面，我们朝空气的正上方发射一束激光。光子在空气中飞得越高，它失去的能量就越多。

现在试想一下该星球密度**真的**很大。在这种情况下，光会损失大量能量以至于调转方向返回星球表面，或者说，有可能会出现这样的情况吗？如果该星球密度真的如此之大以至于光线也无法逃脱的话，那么一开始光线就不会向上运动。这就像一个小孩子试图爬上一个向下的自动扶梯。这个小傻瓜，虽然他一直在努力，但他却只会下滑得越来越厉害。事实上，这样的"星球"一开始就不会有"表面"。就算有，表面也会在巨大的引力作用下坍塌，然后整个星球会坍塌成一个点——一个奇点。

形成像这样的一个奇点是很不容易做到的。要在地球上产生这样的引力，必须将地球所有的质量都集中在一个直径1厘米的球内。即使是质量是地球的30多万倍的太阳，也要把其质量压缩到半径不到3千米的范围内才能困住光——这比曼哈顿区还要小。

这也正是黑洞的基本情况——一个密度非常大的系统，以至于光都无法逃逸。不归点，也就是**事件视界**，是一个无形的边界，越过它，你就在强大引力下获得了通向这个大质量怪兽中心的单程票。一旦有任何东西（比如一颗恒星、一只袜子、一个饭盒、一个粒子）穿越事件视界时，都会被拖入黑洞，即使光子都无法逃脱它贪婪的胃口。既然连光都无法从事件视界中逃逸，那么任何其他的东西也都不能了。请记住：光速是宇宙速度的极限。

黑洞似乎是疯狂科学家军火库里的必备工具。它们大有用武之地，从处置讨厌的主角到失败的生物实验，我们都可以看到黑洞的身影。但疯狂科学家真正想要的是，以光在黑洞附近的引力场弯曲的性质建一个时光机。

在我们开始理解黑洞的概况和成因之前，假设你能（或不能）利用黑洞自己建造一个时光机，我们想提醒你一下光子有一些特点——那些在第二章中已经讨论过的形成光的粒子。

还记得吧，如果你已经见过一个光子，那么等于已经见过它们全部了。唯一有差异的是光子的能量。乍看起来光子似乎还有许多不一样的属性，但实际上都是一类的。就光来说，一个光子具有的能量与它呈现的颜色相关，这种能量和颜色的相互关联超越了我们的肉眼能分辨的范围。

在第二章中，我们还讨论了光如何表现的像波一样，并且能量越高波长越短。最重要的一点（本次讨论的目的）是，由于光子是很微小的波，我们可以测量它以连续波的形态通过一个固定的点需要多长时间，这一个时间区间就是波的周期。还记得在第一章中谈论过的铯钟吗？现在我们准备告诉你我们真正谈论的是什么。如果用铯发射一个光子，并测量这个光子形成的波峰和波峰之间的时间，那么它就像一个小钟一样——宇宙中最好的时钟之一。

对于波长较长的光（能量低），其波峰到来得相对缓慢一些。例如一束无线电波每百万分之一秒能跳动100次左右，这点儿时间对一个亚原子粒子而言就是永远。波长越短，周期也越短。仅仅知道这几个事实，并利用我们的激光思想实验，我们几乎可以再次发现爱因斯坦的伟大发现之一——广义相对论。

黑洞是真实存在的，抑或是无聊的物理学家捏造出来的？

广义相对论告诉我们引力**到底**是如何起作用的，并正确地描述了类似黑洞的事物内部模糊的情况。除此之外，我们还将明白时间和空间并没有我们想的那样绝对，并且在黑洞附近事情真的变得非常非常不可思议。

想象一下戴夫博士和机器人杰夫拿着他们的永动机去了一个引力非常强的星球。他们再次从悬崖底端把激光发射至悬崖顶端。当激光到达顶端时，它损耗了一些能量，并且颜色比初始时稍微红了点。我们可以推出，在悬崖的顶端测量光子的周期会比在底端测量更长。

这正是光子版的铯钟！现在将它投入使用。戴夫博士把一束周期长达1秒钟的光子束发送到悬崖上（能量非常低的无线电波光子）。如果这个星球的引力足够强，在悬崖上等待的机器人杰夫可能会每2秒看到一个波峰。

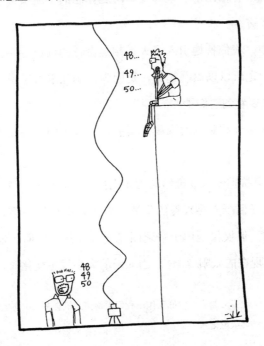

这里事情可能有些古怪。如果我们把戴夫博士的手表放在崖底，我们注意到50秒后会看到50个波峰经过。然而，在悬崖顶端的机器人杰夫在相同时间段内只能看到**25**个波峰。

为什么会这样？

唯一的解释是与机器人杰夫所处的崖顶相比，戴夫博士所处的崖底的时间流逝更加缓慢。试想一下：戴夫博士的时钟看起来走的比机器人杰夫的慢了二分之一，因此戴夫博士衰老的速度也会慢一半。就像我们在狭义相对论中讨论的一样，这**不是**视错觉。戴夫博士衰老得更慢，他的电子手表走得更慢，而且在机器人杰夫看来，他似乎在慢动作地运动。

总的来说，时间差的存在是真的。越接近庞大的物体时间流逝得越慢。甚至在地球表面的时间也比在外太空流逝得要慢——尽管只慢十亿分之一。也就是说，100年后外太空的时钟与地球上的时钟将会存在3秒的差异。你不必对差异如此之小而感到惊讶，如果差异很大，这将会变成你物理直觉的一部分。然而正如我们将看到的，在事件视界附近，这种差异变得非常显著。与远离黑洞的观察者相比，在事件视界附近休息的宇航员似乎看起来正在以无限小的速度移动①。

在这一章中，我们特地引入了大量相当奇特的词语——虫洞、时光机、宇宙弦等。我们之所以以黑洞起头，是因为黑洞几乎可以说是肯定存在的。我们认为已经快要看到它们了。

在我们为大家介绍黑洞的观测证据前，也许我们应该立刻粉碎一些关于黑洞的谣言。

1. 不是不可抗拒的杀戮机器。比如说我们的太阳突然变成一个黑洞，不会发生任何令人感兴趣的事情。好吧，这可能并不完全正确。我们会死亡，但仅仅是由于缺乏阳光而被冻死。然而，地球并不会被突然吸进现在的太阳黑洞②。当太阳的大小发生变化时，太阳仍然受相

---

① 机动车部门的工人全身心为客户做好工作，我们拒绝借此机会恶意中伤他们。

② 据说这玩意或许能够吸除雨水。

同的规则约束。黑洞远处的引力仍保持不变，地球也会继续在相同的轨道上运行。黑洞远处的引力与和黑洞质量相同的任何其他物体的引力是一样的。

2. 洞不是真的完全黑的。虽然光线的确不能逃逸，但我们相信黑洞的表面**确实**辐射出少量的光。

1974年，斯蒂芬·霍金提出了一个有趣的理论。虽然任何东西都能从黑洞中逃逸，但该区域之外是极活跃的。正如我们在第二章中看到的那样，粒子和反粒子（比如说，电子和它的邪恶双胞胎，正电子）正不断成对地产生和湮灭。想象一对粒子，刚好在事件视界内产生一个电子，在事件视界外产生一个正电子。当然你将再也看不到电子，但正电子可能刚好有足够的能量从事件视界外表面逃逸而存在，最终也许转化成可在某个遥远的地方观测到的能量。当然，用任意一对正粒子/反粒子都可以完成这样的把戏，包括光子，它们反粒子就是自己。如果任一个黑洞自生自灭，它将开始释放能量和辐射。

我们看起来像是正在无中生有。这些多余的能量来自哪里？答案是来自黑洞的质量。"霍金辐射"模型预言，最终所有黑洞都会以这种方式蒸发掉所有的质量。

不过你可不要太过期待了。

一个质量与太阳相仿的黑洞需要用宇宙年龄10^{57}倍的时间才会蒸发掉。

我们刚刚所说的一切都还是一种理论，那些解释了爱因斯坦广义相对论（另外还用了一点量子力学的方法）以及预言了黑洞长什么样的理论。尽管如此，有一个很好的证据支持黑洞是真实存在的，而且有着迥异的尺寸和颜色——至少在尺寸上如此。

宇宙中一些最小的黑洞很可能比太阳大不了多少。在我们的基本恒星演化模型中，像太阳一样的次中量级恒星大约要一百亿年才会用光它们的氢气。在变成一个红巨星之后，它们开始尝试燃烧氦，最终太阳会消耗外层气体，最后变成一个深灰色的白矮星①。

对于那些质量是太阳两到三倍的恒星，总会发生一些不一样的情形。这些以巨大爆炸的方式结束生命的恒星称为超新星。大多数质量较小的恒星被压缩成一个致密的中子星，而其中极个别的质量最大的恒星，会以演变成黑洞而告终。天文学家已经观察到了大量的超新星爆炸，但幸运的是它们都没有在地球附近发生。这可是好事，因为一场在地球附近发生的超新星爆炸将导致人类毁灭。但是我们从来没有见过这些遗迹，也没有真正见过黑洞。那么为什么如此肯定黑洞的存在？虽然没有直接看到恒星质量黑洞，但我们在大星系的中心的确看到超大质量黑洞的迹象，并且没有哪个地方的迹象比银河系的更明显。

20世纪90年代中期，许多天文学家，包括马克斯·普朗克研究所的雷纳·肖德尔和加州大学洛杉矶分校的安德烈娅·吉兹开始观察银河中心的恒星运动。到2002年，他们的观测取得了振奋人心的成果。他们在距离银河中心不到一光年的地方测量了（一光年以银河标准来看**真的**非常短）恒星的位置，并发现它们似乎年复一年地移动着。事实上，我们几乎可以肯定恒星在围绕着一些**非常**紧密，而且**非常**黑的东西运动。

在过去的几年中，随着测量技术越来越先进，人们可以追踪更长的恒星运行路径和周期，也就越来越肯定我们银河系中心的物体，是质量大约为太阳质量400万倍的黑洞；以我们的标准来看这个黑洞非常巨大，但和其他最大的黑洞没有可比性。

我们所知道大部分最遥远的天体是由超大质量的黑洞提供能量的。即使黑洞本身不发光，但它们产生了极大的引力场，尤其是物体接近它们的时候。随着气流越来越接近黑洞中心，它的速度加快，并开始放出大量辐射。

---

① 重新读一下这段话，用"尼克·诺特"代替"太阳"，这会很有趣！

这些被物体包围的黑洞释放出大量能量，被称作"类星体"。类星体释放出许多的光，以至于它在宇宙中一直都可以被看到。而它们的中心往往是质量超过太阳**十亿倍**的黑洞。

如果你掉进一个黑洞，会发生什么？

为了实现一个简单的目标——建造一台时光机，我们开始了整场的讨论。这似乎有点不可思议，但我们不得不首先来说一说黑洞——这是有意义的。引力扭曲时间，而黑洞是极妙的引力来源，所以也许可以利用黑洞来穿梭时空。虽然大多时光机的模型并非基于黑洞，但它们简单到我们可以在深入了解宇宙大工程中的螺丝、螺母和宇宙弦之前，通过某种直觉感知时间是如何被扭曲的。

所以，如果我们要真正建造一个实用的时光机，就需要亲自跳进其中一台时间变形机器来实地体验一下。举个例子来说，我们希望你想一想如果戴夫博士和机器人杰夫决定到一个10倍于太阳质量黑洞的"遗忘星"里面探险，并声称他们的探险是为了木星的邪恶研究所，那将会发生什么。

两人中较为谨慎（也许更聪明）的戴夫博士，决定留在邪恶研究所并传回观察结果，同时机器人杰夫（当然是更帅的那个，穿着破衣烂衫，但是相当醒目）穿着航天服，用一个包括无线电发射器/接收器和蓝色指示灯的装置来接收结果。

当然，从太空深处看来，遗忘星看起来并不像个黑洞。如果他们能看到事件视界（其实不可能），会发现它就像一个半径约29千米的球。当然了，和球还是有一些区别的。因为遗忘星的引力场如此之强，以至于能让光线弯曲，使机器人杰夫和戴夫博士看到它**身后**的恒星！

当然，他们不可能坐在那里欣赏遗忘星一整天，最终机器人杰夫放手一搏，首先脚冲着地狱下落。起初他并没有感觉到有什么，只是仅仅向着黑洞下落得越来越快。当他离太阳1.5亿千米的时候（地球到太阳的距离——也被称为"天文单位"），他将以超过48万千米/小时的速度下落。

这是一个惊人的速度，可以肯定的是由于自由落体，整个过程他都会感觉到失重。

当他越来越接近遗忘星时，一种奇怪的感觉开始产生[1]。引力对他脚的拉扯比头部附近更强。起初，这似乎只是一个不易察觉的方向感混乱，但当他离黑洞中心约6000多千米（地球半径）时，他脚上与头部的引力**差**就等于他在地球上的总重力。这就像起重机通过他的头盖骨吊着他，而他的脚悬空朝向地面。

这种潮汐力是无情的，随着机器人杰夫越来越接近黑洞中心，他发现自己被拉伸得越来越严重。天文学家称这个过程为"意大利面条化"。除了塑胶侠和神奇先生，像机器人杰夫一样的人体受到外力时会因承受不了而**破碎**。潮汐力是致命的，作为人类能存活的最高加速度纪录大约是地球引力的179倍，但只能存活一瞬间（在撞车中）。而当机器人杰夫到达离遗忘星中心大约1100千米的地方时，他就要开始一直经受这个过程的考验（而且只会更糟）。

当他到达离中心约560千米的时候，头和脚之间的引力差大约是地球正常引力值的1500倍，大到足以撕开人的骨头。

---

[1] 那叮叮声意味着它在工作。

现在你**知道**时空穿梭是件很不爽的事情了吧。

我们假设机器人杰夫一直吃"威力"麦片[①]，他的骨头和机器人四肢可以承受这可怕的引力。即使在这种理想的情况下，他也有可能无法成功安装火箭助推器来摆脱遗忘星的引力场。当离中心约60多千米的时候，他终于开始恐慌（不停地咒骂这该死的结果），并向邪恶研究所的戴夫博士发送了一个SOS的信号。然而由于从机器人杰夫的无线电发射器发射的光子在向外飞行过程中会损耗能量，戴夫博士必须把频率调到相当低才能听到机器人杰夫的求救信号。

当戴夫博士听着收音机时，他发现即使机器人杰夫按照提前约定的108兆赫频率发射无线电波，他也只能在最低的频段范围——国家公共广播电台频段的接收信息。这恰好是之前讨论的现象：机器人杰夫（以无线电信号的形式）发送的光子已经失去了能量，看起来频率下降了许多。当戴夫博士最终调到正确的频道时，机器人杰夫的声音听起来缓慢而深沉，就像在速度设置错误的情况下播放转速78的唱片，或在正确设置下播放贝瑞·怀特的唱片。

随着机器人杰夫继续下降，他完全失去了无线电联系。

尽管他俩没能安装火箭助推器，然而考虑得却很周到。他们在机器人杰夫的宇航服上安装蓝色指示灯，并且戴夫博士可以通过这些闪烁的灯持续关注机器人杰夫。在肉眼看不见机器人杰夫前，指示灯会先呈现绿色，然后黄色，然后红色，而不是闪闪发光的蓝色。看不见指示灯后，戴夫博士只能用他的红外探测器观测机器人杰夫。

在距黑洞中心大约29千米处就是事件视界，并且随着时间的推移，戴夫博士注意到即使机器人杰夫离黑洞中心越来越近，但他实际上从未穿越过它。在整个下落过程中，机器人杰夫似乎是在黑洞的外面。然而，他穿的宇航服上的指示灯最终红移出了戴夫博士的检测范围，他似乎消失了。

另一方面，从机器人杰夫的角度来看，似乎一切都在快速地向前发展，从邪恶研究所接收的信号听起来很尖锐。他在穿越事件视界的瞬间会发生什

---

① Wheaties麦片，美国著名的麦片品牌，乔丹·菲尔普斯等运动明星曾为其代言。——编注

么？

除了即将极有可能无法存活和不能再逃脱的事实之外，他也不会注意到任何特别的事情。机器人杰夫甚至可能不会注意到他已经越过了事件视界。他只会一直无情地朝"奇点"下落。当然，一旦位于事件视界的内部，光子就不能再向外移动，因此他将被彻底撕碎。让他略感欣慰的是，他开始感到不舒服（当他感觉到约10g的潮汐力）到完全毁灭，这段时间只有十分之一秒，这对他来说可能是个安慰。

然而在他看来，这些尽管有科学证据支持，但仍然很衰。

你能回到过去买微软的股票吗？

正如我们刚才看到的，黑洞周围的区域存在扭曲空间的强大引力场，更重要的是我们有个邪恶的目标——时间。现在有一个大问题，戴夫博士和机器人杰夫是否可以使用广义相对论开创史上最伟大的疯狂科学：一台时光机。在我们开始讨论**如何**建造一个时光机前，我们应该知道一个**好的**时光机可能会是什么样的。

当我们还是孩子时，会喜欢玩冰箱的包装盒，有时会在它们的某一面写上"时光机"[1]。不妨假设它就**是**一个"时光机"。它允许乘客以1秒每秒的比率通过时间。我们猜你肯定希望有比这更好用的东西。

回答是当然**可以**做得更好。我们已经从机器人杰夫这个大胆的例子里看到，如果站在黑洞的附近，白矮星能让你的时钟变慢，因此你穿越时间的速度会比1秒每秒**更快**。我们的邪恶二人组可以利用这一点做一个非常不错的时光机穿梭到未来。例如，他们可以建造一个恰好驻扎在黑洞视界外的飞船，盘旋一会后再回来，借此通往未来。

然而他们没有办法让自己回到原来的时间，这是一个单程旅行。我们真

―――――――――――

[1] 理想的情况下会有一两个可爱的写反的单词，例如"具玩是们我"。

正需要的是将他们送回过去，最好的情况就是能改变过去来为他们的邪恶计划服务。那么回到过去的前景如何？正如我们在第一章所看到的，我们当然能安排**回顾**过去。你所看的**一切事物**正如它曾经的模样。

当然你或许有一些更具体的想法。比如说你想要观察某些特别的事件，例如克里米亚战争或阿波罗登月等等。原则上似乎很容易。比如对于登月，你只要把飞船停在距月球40光年的地方，然后用一个超级望远镜观测就可以了①。问题是要到达离月球40光年的地方，我们至少需要40年才到的了那里，因为没有什么东西能比光跑的更快。因此，尽管可以看到过去，我们通常无法看到自己过去的历史，因为我们没有办法不借助引力作弊使得光倒流。

当然，镜子是一个方便的解决方法。如果碰巧在离月球20光年的地方有一面镜子，那么原则上，我们现在也能观看到登月的盛况。不幸的是，由于反射镜只能在一个特定的位置，因此我们需要**非常**的幸运。此外，就算能看到，图像也会非常小。

即使是回溯过往也有许多的限制，而对大多数人来说，一台时光机不仅应该能让自己往回看，也可以影响并可能**改变**过去。最起码，你希望能回到过去和自己握握手。

广义相对论指出，你可能偶遇自己（或者原则说来是你的祖先）的场景看起来像一个"封闭类时"曲线。正如我们很快会看到，时光机的候选设计与相对论的思想是完全一致的，这些设计甚至可能让你遇见更年轻的自己。

但在此之前，我们需要设定一些基本规则。

我们充分认识到，讨论已经超越了物理领域而进入了哲学的范畴。我们对此没有异议。在科幻和科学哲学中，我们也许会看到两种基本的时光旅行的图景：

1. 交错的现实/宇宙

时间旅行带来的最明显的一个问题是它似乎可以让你以任何喜欢的方式

---

① 在撰写本书时，登月已经过去大约40年了，所以这个数字很容易算。

来改变过去。比如说，想象一下你要做一些十分愚蠢的事情，例如要在你爸爸出生之前杀了你的祖父[①]？你能这样做吗？事后你会发生些什么？当你回到现在的时候，你又会遇见怎样的未来？

杀了你的祖父，你自己就不可能存在，所以你能穿梭时间回到现在看起来似乎是不可能的，因此，你不能杀了你的祖父，诸如此类。

我们如何解决这个"祖父悖论"？

借助量子力学，有一种可能彻底改变过去的解释。在第二章中我们讨论了休·埃弗雷特关于量子力学的"多世界"解释，其中每个量子事件都会生成一些平行宇宙。正如你所看到的那样，在微观层面，宇宙**确实**是随机的，再多的知识都无法让我们做出预测。例如，一个放射性原子在一个特定的时间内会不会衰变，或一个特定的电子是自旋向上或自旋向下？如果我们把宇宙的起源重新播放一遍，那么同样的事情会不会再次发生？无从得知。

像电子自旋一类的小事情看起来可能毫不起眼，然而经过很长一段时间的积累，小事情累积起来也会相当可观。回想那个古老的谚语吧，甚至有人传说这是本杰明·富兰克林的杰作：

> 丢失一个钉子，坏了一只蹄铁；
>
> 坏了一只蹄铁，折了一匹战马；
>
> 折了一匹战马，伤了一位骑士；
>
> 伤了一位骑士，输了一场战斗；
>
> 输了一场战斗，亡了一个帝国。
>
> 祸起钉子啊！

这是数学中关于"混沌"概念的现实版。对于几乎所有的系统（人类历史也是一样的）来说，即使是在起点处一个小小的差异都可能导致最终结果

---

① 我们不知道为什么物理学家都有一种讨论谋杀祖父的可怕习惯，可是我们又能怪谁呢？

大相径庭。你也许听说过"蝴蝶效应"[①]，一件很小的事情，比如一只蝴蝶扇动翅膀可能改变世界另一边几个月后的天气。

问题的关键是，虽然每个平行宇宙可能开始时几乎一样，但它们会很快发展成拥有完全不同的历史的宇宙。

相同的画面（即宇宙的各个分支）也可用于构造时间旅行的模型。我们来看看这是如何解决"祖父悖论"的。想象一下自己是一个生活在"A"宇宙中的时间旅行者，你知道这个事实并打算以某些惊人的方式搞砸你所在的这个平行宇宙。你造了一台时光机，回到过去并杀死了祖父。由于该事件根本没有在"A"宇宙的历史中发生，谋杀案必须发生在一个新的宇宙"B"中。如果我们沿时间回溯，会发现自己（有着我们自身的记忆）身处"B"宇宙而不是原来的宇宙。当然，只会有一个我们（版本"A"）在宇宙"B"中，其他的从未诞生。

看到时间旅行逻辑有多简单了吧？

"多重世界"模型是电影《回到未来》的基本理论基础之一。这部电影是如此的经典，你可能已经对它很熟悉了。少年马蒂，用了超强马力的德罗宁跑车回到了30年之前，不经意间差点搞砸了他父亲的求婚，在电影剩下的时间里试图纠正自己犯下的错误并回到自己的时空。

当然，他最后成功了。但是当回到自己的时空的时候，世界历史已经明显地改变了。我们把这个放到多重世界的画面中来看，"A"马蒂从宇宙"A"中消失并回到了过去。当他改变未来的时候，他跑到了宇宙"B"中，并回到了宇宙B的未来。同时，马蒂B在过去消失了，他改变了时间轴，并回到了宇宙"C"。

原则上来说，如果马蒂"A"大大改变了宇宙，布朗博士"B"（即时光机的发明者）将永远不会发明时间旅行。1985年，马蒂"B"将被困在宇宙"B"中无法前往过去。当马蒂"A"返回到现在时，他在宇宙"B"中也处于现在时，所以会有**两个**马蒂。而在宇宙"A"中，马蒂将与德罗宁跑车一起

---

① 为了不和可怕的同名电影《时间旅行》混淆。

消失，永远回不来了。

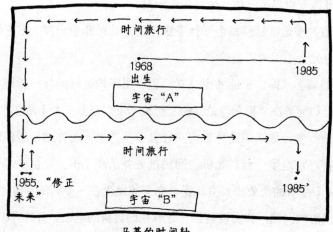

马蒂的时间轴

在"多重世界"的模式中，即使你以某种显然的方式抑制住了想要杀死祖先或扰乱历史的冲动，我们仍然要担心你过去的行为对未来的影响，甚至是过去的那些看起来无关紧要的随机事件。

蝴蝶效应向我们保证，不存在既能改变过去，又**不用**引入平行宇宙的时间旅行。尽管对我们而言，这个解释就是在自欺欺人。一个不在进行时间旅行的观察者会在宇宙中看到人的多个副本、死去的祖父、时间旅行者突然出现在现实生活中或突然消失。在我们看来，这样的结果是非常令人不满意的。

2. 宇宙是自洽的

真正可以将物理学和魔法区分开来的，是物理学能够对宇宙做出可检验的预言。到目前为止，没有直接的实验证据（也没有任何实际可行建议）表明，我们不是唯一的宇宙。如果只有一个宇宙，那么就只有一个版本的历史。

20世纪80年代中期，莫斯科大学的伊戈尔·诺维科夫开展的关于量子力学和时间旅行的研究，指出了不自洽的历史的概率恒为零。但是请注意这个假设是建立在平行宇宙不存在的前提下，如果我们身处平行宇宙，情况可能有所不同。

因此实际的时间旅行可能会是这样的：当你18岁的时候，一个年纪大一些的自己回来了，并给了你一个关于如何建造时光机的总体说明。知道了自己的宿命，你便花了接下来的十年时间来建造它，然后及时赶回过去给自己一个一模一样的说明。

但这就是自相矛盾之所在。如果你试图回到过去杀了自己？或者只是没有指导自己如何造时光机？甚至，有没有可能在一开始你就打消了自己建造时光机的念头？

时间旅行给了我们两个令人厌恶的选择。如果你同意多重世界的时间旅行模型，诺维科夫的理论就完蛋了。另一方面，在自洽的宇宙模型中，一个时间旅行者显然不能为所欲为。

我们（也就是物理学界）实际上并没有任何特别好的答案来回答这个窘境。我们只能假设如果物理定律允许进行时间旅行的话，自洽性一定要被遵守[①]。

自洽的宇宙要麻烦得多，无论是对作者还是对真实的宇宙来说。在某种程度上，你肯定会先问为什么我们要时光穿梭回来。既然回到过去不能改变任何事情，你就永远不会有穿越时光的动力。另一方面，如果你想要参加时空旅游，想必没有什么能阻止你观察罗马的秋天或首届奥运会。当然，当时的聪明观察者大概早已看到你作为观众中的一员了。

一个"好"的时光旅行故事必然包含了"自洽的历史"模型。一方面，时光穿梭很难与自洽的历史对接，我们觉得人们能如此做到的话应该得到奖励。另一方面，因为没有证据证明平行宇宙，唯一历史版本的时间旅行是和已掌握的实际物理规律最相符的一个。大多数情况下，我们压根就不喜欢涉及平行宇宙的故事，因为即使在我们的宇宙中事情被"修正"，它在别的平

[①] 是的，我们认识到这个假设是有点虎头蛇尾。如果你真的希望我们调和自由意志与决定论的问题，那么你想用这个价格买到这样的书实在是想太多了。

行宇宙中通常会保持破败的样子。你来修正自己的时间轴固然很好，但如果那意味着其他无数宇宙成为错位的噩梦，你愿意承担这样的风险吗？

谁在正确地进行时光旅行？

当大众化的娱乐搭上时光旅行这个话题会发生什么？总的来说，书籍在保持事物自洽方面做得相当好。比如说经典的《时间机器》，通过编造一个发生在极遥远的未来的故事来避免整体上的一致性问题，以至于即使时光旅行者想改变未来，他也无法做到。其他的像道格拉斯·亚当斯的《银河系漫游指南》系列，是如此显而易见的荒诞，他们说的根本不是时间旅行的故事。

一般来说，电影和电视做得更差。他们中的大多数（其中最明显的例子是《回到未来》或者电视连续剧《英雄》）选取了还没被确定的未来作为出发点。简直是胡说八道！如果你真的一直都存在，它当然已经被确定了！你目前（或过去）所有采取行动的动机一定是基于已经看到了未来的样子。

作为科幻爱好者（或者普通的科学呆子），当一部电影或电视节目使用时间旅行设置情节时，我们不能只顾着吐槽。然而有时候他们会使用得恰到好处。考虑到这一点，在本章的结尾，机器人杰夫亲自编写出（不全面的）"时间旅行简史"。与此同时，一些详细的专题我们都按顺序排好了。在我们继续前行之前，应该警告在过去的大约30年里，试图避免电视和电影被严重剧透那些人。

《飞出个未来》第3季，第19集，"罗斯威尔的好结局"（2001）
一千年以后，科技水平将远远超过现在，人们可以通过一边用微波加热金属一边观测超新星的方式回到过去（无法预测效果，但是真的有效）。

《飞出个未来》中的船员包括菲利普·弗莱，一个被低温冻结了一千年的送外卖的男孩；班德，一个狡猾的曾用于掰弯东西的机器人。他们从3001

年穿越到1947年的新墨西哥州的罗斯威尔。飞船在着陆后就坠毁了，实际上班德的头部和身体都分离了，然后弗莱保存了它的头部。另一方面，班德的身体被误认为是一个飞碟——人类历史上被政府隐藏的不明飞行物。

弗莱发现他的祖父在当地的陆军基地服役，并且一不小心杀害了他。当他安慰祖母的时候，弗莱意识到：由于他仍然存在，他的祖母**不可能**是他的祖母！

第二天早上，弗莱碰到了另一个窘境：那个女人是他的祖母，而他在不知不觉中成为了自己的祖父①。因为我们不可能干扰自洽的连续时间环，不如说他**本来**就是自己的祖父，只是在时间轴中履行着义务，而不是为行动找借口。

在从罗斯威尔逃跑的过程中，班德的脑袋从船上掉下来了，船员们不得不扔下它，逃回他们自己31世纪的时空中。弗莱想到它可能仍然在沙漠中（事实上一直都在那里），就与船员把它挖出来，重新放回到班德的身体上。

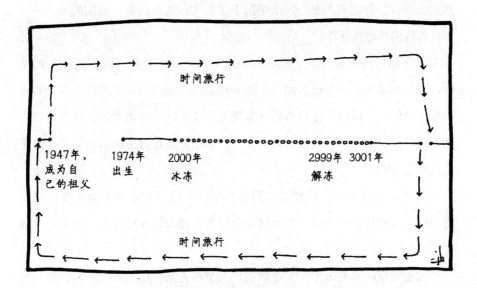

弗莱的时间轴

这幅图介绍了弗莱和班德的生活的复杂度：特别是弗莱是他自己的祖

---

① 幸运的是，电视剧掩盖了相关细节。

先，班德拥有一个比他的身体老一千多年的脑袋。这些事情看起来非常不可思议并且愚蠢，但没有任何科学依据证明这两件事不可以都是真的。

终结者（1985）[1]

未来最具戏剧性和值得期待的事件之一是核能机器人大屠杀，那是一个充满烧焦的尸体和锃亮的金属外壳的节日。机器人装备了手臂式连环炮大开杀戒，保护天网[2]，也就是当今互联网的智能版。

我们简直太兴奋了。

特别是我们期待的半现实时间旅行将不可避免地发生。在未来，约翰·康纳将领导反叛者对抗邪恶的杀手机器人。在天网派遣了一个凶残的机器人刺客回到过去刺杀他母亲之后，约翰派出士兵凯尔回到过去（到我们现在，或至少是1984年）来保护他的母亲——莎拉·康纳。

凯尔根据一张照片找到了莎拉·康纳，尽全力保护她的安全。他开始渐渐迷恋莎拉，和她坠入爱河，康纳诞下了长大后成为约翰·康纳的婴儿——对抗机器的叛军领导者。

凯尔和莎拉不仅消除了机器人的威胁，还保护莎拉（还有约翰）的生命，莎拉也拿到了她自己的照片：那张将最终传递给凯尔的照片，那个将重新爱上她的人。时间环是自洽的，如果天网花上几分钟思考这个难题，就会意识到，由于约翰·康纳没有死在未来，他也**无法**在过去被杀死，那么整个尝试是徒劳的。

当然，如果天网意识到了它的使命是徒劳的，那么就不会把终结者发送回过去杀死莎拉·康纳，凯尔也不会跟着机器人进入过去，约翰就不会诞生。哇！

这是否意味着在未来的某个时刻，人类拥有某种巨大的优势，能够终结由无法理解自洽时间环的电脑网络领导的机器人暴动？我们猜测：是的。

---

[1] 第一部《终结者》电影是迷死人的时间旅行的典范，续集可就差得远了。

[2] 目前担任加州州长。（2011年卸任。——编注）

我怎样才能建造一个实用的时光机？

我们已经知道了广义相对论可以对时间流逝做一些不可思议的事情，而且我们甚至设置了一些基本规则，时光机哪些能做哪些不能做。可能你有兴趣知道，那些真正的物理学家正忙着发表实用的时光机是否可以建成以及如何建成的论文[①]。设置好所有的基本规则之后，我们终于回到核心问题上了，如何建造一台服从我们所掌握的物理学规律的时光机。

1. 虫洞

广义相对论表明，大质量的物体，如太阳或黑洞会扭曲空间和时间。然而空间的变形是**局部**现象。我们的意思是，如果你拿一张平整的纸片（平=不扭曲），然后把它卷成筒，一只小蚂蚁在其表面漫步时是无法分辨纸片是否被卷起来的。

原则上，我们能利用空间可以"折叠"的事实来建造时光机。这其实是虫洞的核心思想——几十年科幻小说的绝对主力。虫洞是理论上广义相对论中爱因斯坦方程的解，空间可以扭曲到足够创造一条道路，用来连接两个可能存在的遥远空间区域。

远远地看，虫洞看起来有点像黑洞。从我们的视角来看，在虫洞的另一口可以看到一个球面。然而它不同于黑洞，你离虫洞越来越近时，引力不会越变越强，人和飞船穿过虫洞时可以不被撕裂。

在我们有确切的间接证据表明有黑洞存在的同时，没有证据显示（无论是直接的还是间接的）虫洞确实存在。我们怀疑，除了阿瑟·C.克拉克的希望和祈祷外，宏观上它们可能不存在。然而从广义相对论所知道的是，它们**可能**存在。

———————————

[①] 放心，他们已经是终身教授了。

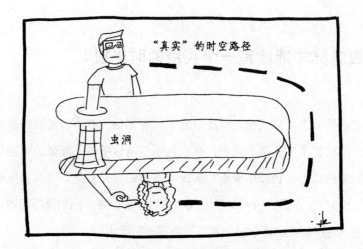

物理学家如何在玩标签游戏时作弊

你从虫洞的一端进去，在遥远的另一端出来——这是虫洞的基本功能。事实上，你可以设计出一个虫洞，这样你就可以轻易地比光速更快地旅行。我们显然会暂时忘记建造它的难度。虫洞听起来像是最好的瞬移设备，但利用它们作为时光机可并不大容易。好吧，加州理工学院的基普·索恩曾经做过尝试。1988年，他和他的两个学生迈克尔·莫里斯和乌尔维·耶特塞弗，在著作《黑洞与时间扭曲》中描述了关于虫洞时光机的设计。

为了将一个很好的瞬移装置放入更好的时光机中，你首先要意识到，虫洞内部的长度与用它能旅行多远没有关系。如果你要穿过一个虫洞，那么你将在（从你的角度来说）很短的时间后出来。

让我们把事情说得再具体一些。早些时候，我们已经向你介绍了谨小慎微的（无聊的）戴夫博士和冒险的（有勇无谋的）机器人杰夫，还有他们探索黑洞的冒险经历。好吧，现在让他们再来一遍。只是这一次他们已经成功建立起自己的小虫洞——大到一边足以让一个人通过，但又小到它的一张"嘴"足以放进飞船中，这正是他们要做的。在穿越虫洞的旅行者看来，虫洞可能只有10英尺长，如果戴夫博士从虫洞其中一个入口（方便起见，把入口放置在通常可能去的有电视的客厅）看进去，他能够看到机器人杰夫飞船的内部。

3000 年1月1日，机器人杰夫带着他的飞船和虫洞以光速的99％飞行。他飞离地球约7光年，然后在3014年1月1日返回到地球。如果这些数字对你来说似乎有点熟悉，那再自然不过。因为我们在第一章提到"孪生子佯谬"时举了相同的例子。

你也许会想起该从机器人杰夫的角度来看，对他而言时间只过去了两年。这里事情就变得很奇怪了。戴夫博士和机器人杰夫可以通过虫洞看到对方。虫洞的内部不能判别任何人的移动。因此，如果戴夫博士在接下来的两年里一直通过虫洞观察机器人杰夫，他会看到机器人杰夫在为发射做准备，驾驶飞船一年，折返然后回家。戴夫博士非常期望于3002年在他的草坪上看到机器人杰夫正在那里等着他。

恐怕他会失望的，并会在未来差不多12年里盯着天空愁眉苦脸，直到机器人杰夫通过虫洞的另一边返回到地球。

所以想想吧。3002年戴夫博士在客厅里看着虫洞的时候，**看到机器人杰夫3014年降落在地球上**。他差不多看到未来了，甚至比这个更好。就这个意义而言，他可以参观未来，或者说机器人杰夫可以访问过去。其实任何人都可以。现在虫洞变成一种可以回到12年前的旅游方式，我们可以看到，从戴夫博士家的草坪到他的客厅的旅行距离是微不足道的。

但请注意！虽然这个时光机能让你回到过去，但是你不能回到过去做任何喜欢的事情，原因之前我们已经讨论过了。总之，过去的事情已经发生了。

我们还有一些其他严格的限制。你不能让时光倒流到时光机建造**之前**。这可能有助于回答一个老生常谈的问题：为什么我们不会被时间旅行者拜访？因为我们还没有造出时光机呢！

这种设计还有其他问题。举例来说，我们很难维持虫洞的开放，因为每当物质或能量（因为引力会吸引虫洞的边界）通过它的时候，虫洞自然而然倾向于收拢。虫洞可能在起作用之前就坍缩了。为了保持开放，索恩断言，它需要借助一些具有负能量密度的"奇异物质"维持开放状态。虽然正常情况下这些物质似乎并不多（甚至不存在），不过造成黑洞辐射的同种类型场恰好是我们要寻找的。

即使有了这些可能还是不够。虫洞模型的问题之一是它实际上结合了两个我们尚未统一的物理学领域：量子力学和广义相对论。

我们的结论是：得有好运气才能做出一个虫洞时光机。虫洞可能存在于微观尺度，也可能不存在。但至今没有迹象表明，存在能容纳飞船大小的虫洞，我们也没有任何办法造出虫洞。即使成功，在你或任何其他东西穿越它之前，虫洞随时都会坍缩。

2. 宇宙弦

宇宙弦和"弦理论"的"弦"关系不大（或根本没有），除了它们都类比于小孩子们平常玩的橡皮筋。它们非常地密集，无论是无限长或折叠成一个圈。也许你会猜测它们是否产生了巨大的引力场，并且正因为如此，它们也极大地扭曲了空间。

1991年，普林斯顿大学的理查德·戈特发展了一个宇宙弦基础上的时光机模型，并对他的"爱因斯坦宇宙中的时光穿梭"模型进行了极为精彩的描述。

在广义相对论中，两点之间的最短路径是直线并不总是对的。事实上，我们可以利用这个结论来做一些有趣的事情，包括"超光速"旅行。比如说，假设在地球和遥远的Quagnar VII星球中间有两根排好的宇宙弦。

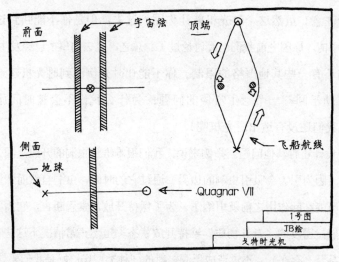

机器人杰夫决定尽快前往Quagnar VII星球。因为宇宙弦把他们身边的空

间和时间扭曲了，实际上绕着弦走会比从弦中间走更快。如果在机器人杰夫起飞的同时，笔直地发射一束激光到中心区域，即使他**只能**达到99.9999%的光速，他的飞船也会先于激光到达。

最后一点很重要，因为光是相对论全部和最终目标。试想一下，如果机器人杰夫的小弟弟——机器人丹，以极大的速度从地球起飞，并沿着中间道路到Quagnar VII星球时会发生什么。他会惊讶地发现机器人杰夫在激光束之前到达了Quagnar VII星球。事实上，根据他的推算，很有可能在机器人丹从地球上起飞（也就是激光束发射）**之前**，机器人杰夫就已到达Quagnar VII星球了。我们假设这也是一种时间旅行，但不是特别有用那种。尽管机器人丹说机器人杰夫在他离开地球之前就已经到达Quagnar VII星球，他还是不能做点有用的事。例如，机器人杰夫不可能回到过去同过去的自己握手，因为在他回来的时间，他早就已经离开了。明白了吗？

如果以接近光速运动，我们能将宇宙弦从纸上谈兵变成实用的时光机。为了使事情变得相对简单，想象一下右边的弦朝地球移动，左边的弦朝Quagnar VII星球移动，它们的速度都很大。

我们在这里用一些讨论虫洞时光机时使用过的伎俩。戴夫博士坐在两个宇宙弦的中点，因为他没有运动，他的时钟和地球上的观察者的时钟一样快。

接下来就是最酷的部分了。机器人杰夫离开了地球，沿着这两条弦逆时针环绕。我们发现对穿过宇宙弦中间的观察者而言，机器人杰夫似乎在离开**之前就**已到达Quagnar VII星球。

事情变得越来越酷了。在返回的旅程中，戴夫博士看到完全一样的情景，除了机器人杰夫沿着左弦飞行。机器人杰夫似乎在他离开Quagnar VII星球之前就已到达地球，而相应地，这又是在他离开地球之前。

我们再说一遍，对戴夫博士来说，机器人杰夫在他离开前回到了地球，更重要的是地球上的人看来也是这样。在这种情况下，他能穿越时空回到过去，在他离开前和自己握握手，且以任何时间旅行法则所允许的方式改变历史。

当然，还是有一些重要的注意事项。比如对虫洞时光机而言，他**仍然不**

能回到时光机建造之前。

另外还有一个重要的物理难题。没有观测证据表明宇宙弦实际是存在的。如果它们不存在，建造它们会很困难（假设不是不可能的话）。从一方面来看，这种特殊的设计要求宇宙弦是无限长的，要花费无限的时间才能建造一个无限量的宇宙弦。另外，将巨大的弦加速到接近光速还存在一些现实的问题。

我们的结论是：我们不喜欢用"不可能"这个词，我们只不过是说宇宙弦时光机是一个相当巨大的挑战。

 ## 我对改变过去可以有什么期待？

在这一天要结束的时候，你能建造一个时光机了吗？

你？几乎可以肯定不可能。

对一个超文明而言，在物理上是否可能？或许吧，但时光机是强烈依赖于对类似虫洞、奇异物质，或宇宙弦以及管理和使用这些巨大能量的技术而存在的。

然而，也有一些非常现实的制约条件。用广义相对论设计的每个实用的时光机已经有两个内置的安全机制。首先，时光机只允许你访问时光机被发明之后的时间。第二，也许是更重要的，所有的一切必须遵循诺维科夫定理，即宇宙就只有一个历史版本。

为了回应索恩的虫洞时光机，德克萨斯大学的乔·波尔钦斯基提出，我们是否可以建立一个等效于祖父悖论的实验，不过是用台球。我们的设定是，把一个虫洞放在飞船里，但我们只能创造大约3或4秒的时间差而不是12年。

想象一下，你把白球射进虫洞时光机的入口之一。如果那是"未来"的入口，然后在你趴下击打前的一段时间（尽管你潜意识里知道已经击打了球），第二球会从"过去"的入口飞出。

把这个过程看作是一个迷你高尔夫球的变种。你在小山顶上击球入洞，它通过管道从山脚底部飞出，除了这种情况，你得设法使得球从第二个洞飞出的时刻比把它射进第一个洞的时刻要**早一些**。

假定足够熟练的射手可以用这样的方式把球打进第一个球袋，使它从第二个球袋（即虫洞的过去的那个入口）飞出时还来得及扰乱最开始的击球动作。但是，如果你的击球动作被扰乱了，那么什么因素会干扰到你呢？

别试了，这可不会按你所想的方式发生。

索恩和他的学生利用量子力学的工具来研究探讨这个问题。记得在第二章中我们看到，根据量子力学的理论，粒子从点A到点B会走所有可能的路径，并且不同的可能路径会彼此干涉，产生一个单一的观察结果。在我们的时光机中会发生基本相同的事情，迫使从第一虫洞入口进入的和第二虫洞出口飞出来的台球相互干涉，产生一个唯一的完全自洽的历史。

想象一下你试图去完成上面描述的击发技巧。在结束的时候，真实的情况可能是（从你的角度来看）你射进去了，但在球（晚一点）进入第一个虫洞之前，一个看起来一样的球将（提早）从第二个（之前的）洞飞出，轻轻撞击到你的球。你的球仍然会进入虫洞，只是比你预期的角度略微不同而已。你依次击打的唯一目的就是阻挡自己射击，现在却搞砸了。事实上，你的确把球以一定的角度射进去了，而你期望球（早一点）从第二个出口恰好以它**之前飞**出来的角度飞出来。它的确做到了。

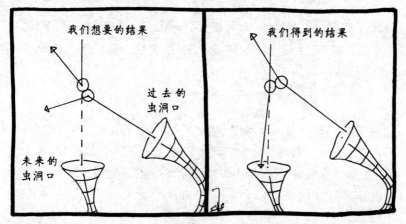

换句话说，大胆地去穿越时间旅行吧。当你返回的时候，现在这一时刻仍然会等着你。

机器人杰夫的时间旅行简史

重要注意事项：我们不是要在这里证明整个影片的质量有多好，仅仅是说明这些电影或电视剧在遵循自洽或交替的宇宙时间旅行模型方面做得有多好。

12只猴子（1995）★★★★★ 一部很好的推理剧，但是因为犯罪已经实施了，看起来时间旅行并没有改变任何事情。所有事情都已经发生了，并且作为奖励，这样的事情只发生在费城。

回到未来（Ⅰ，Ⅱ，Ⅲ；1985，1989，1990）★ 改变你的过去并不会使你慢慢消失。对不起，俄狄浦斯。

征服猩球（1972）★★★★★ 一个超级聪明的黑猩猩，来自未来猿的后代，回到了1991年，领导了猿的反叛。达尔文会恼火地发现大猩猩学说一口流利的英语只需要5年。

英雄（电视剧，2006）★ 希洛超人发现自己崇拜的对象是自己的时候，他的自我膨胀达到了一个新的高度。他还要改变一个已经确定且绝对不能发生的未来。

命运之门（2004）★★★ 两个最好的朋友偶然间利用氚和消音器建造了一部时光机。最终他们（或者他们的副本）杀了两组他们的副本（或者他们自己），但是他们其他的副本（或者他们自己）穿越时间要阻止他们自己（或者其他什么东西）。

时空怪客（电视剧，1989—1994）★ 贝克特博士和他虚构的朋友入侵过去以及其他人的身体来纠正时间轴。如果这部电视剧可以成真，那么科学家都可以教迈克尔·杰克逊如何跳舞了。

星际迷航Ⅳ（1986） ★★★★ 谁知道柯克船长和他的船员是否改变了过去？他们所做的就是绑架了一些鲸鱼。

时间机器（1960） ★★★★ 乔治·韦尔斯穿到80万年之前，发现人类分成了善与恶两个种族。为了现在的这个未来，他没有改动过去的历史。

时空特警（1994）（零颗星）在2004年，时间旅行是非法的。让·克劳德·范达梅（不出所料）是一名时间警察，他在没有改变时间轴的情况下拯救了他的（据说）已经死去的妻子的生命。

第六章
膨胀的宇宙

"如果宇宙正在膨胀，它会膨胀到哪儿去呢？"

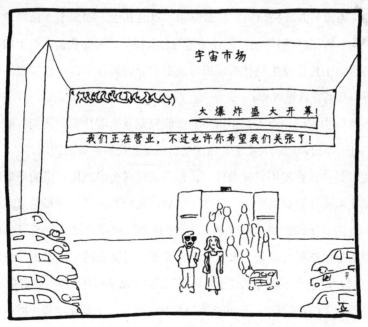

我讨厌这个地方……你知道吗？它看起来好像<u>永远</u>不会停一样。

我们始终认为该表扬就得表扬。感谢《纽约时报》的评论，特别是美国公共广播公司和探索频道，以及其他一些关于本话题的科普书[①]，某些科学用语已经悄悄为公众接受。例如我们向街上的人发问，此时宇宙中正在发生些什么，很可能他们会告诉你宇宙正在膨胀。你可以试试看，我们在这里等你。

现在你回去问同一个人，宇宙不断膨胀究竟意味着什么。我们打赌，这一次他们可给不出确切的答案了，而这恰恰就是我们要回答的问题。

首先说说宇宙膨胀不意味着什么。你还记得《公民凯恩》里的场景吗？查尔斯和艾米丽在早餐桌旁边，许多年之后，我们看到桌子变得越来越大，而凯恩和他的妻子的距离也越来越远？[②]宇宙膨胀可不是这么回事。你的桌子不会膨胀，地球不会膨胀，太阳系不会膨胀。对膨胀的宇宙来说，银河系（宽度达到数万光年）仍然是太过于"局部"了，无法从整体上参与宇宙膨胀。

即便是位于约220万光年远的仙女座星系，它实际上是在以每小时44万千米的时速冲向我们，并且可能会与银河系撞上，不过你恐怕要等大约30亿年才能看到这样的盛况。道格拉斯·亚当斯在《银河系漫游指南》几乎肯定了

①　顺便说一下，它们几乎**永远没有插图**。

②　如果你还没看过，请借此机会观看。这几乎是公认的美国最好的电影。

这种看法，他写道："太空很大，真的很大。你无法想象它是大得多么令人难以置信。你也许认为成为一个炼金术士的路途是遥远的，而对太空来说这是微不足道的。"本章描述的重点不光要告诉读者宇宙有多么空旷，并且从一开始就给你灌输一些想法，在时机成熟的时候，银河系和仙女座会亲密接触，这可不是两颗恒星的相互碰撞。在所有导致人类灭亡的可能性中，由于恒星碰撞而造成人类灭亡的可能几乎不存在。恐怕你还要等上几十亿年，直到我们的太阳变成红巨星，然后烧尽地球上的所有生命。

但请不要纠结于什么东西能灭绝人类。这是一本快乐的书，我们想告诉你关于宇宙的膨胀看似无害的知识。我们向距离自己大约30万光年的外太空看去，几乎所有的星系都在远离我们。更奇怪的是，离我们越远的星系，它们退行的速度似乎更快。[①]

1917年，洛厄尔天文台的维斯托·斯莱弗第一次记录到宇宙附近的星系的衰退，但他没有办法知道星系距离我们有多远。事实上，在当时存在着很大的争论：在望远镜内看到的光线昏暗的斑点是否是银河系内的星云，或整个"宇宙岛"本身。结果恰好是后者。

测量星系之间的距离比你想象的更难。除了许多科幻小说告诉你可以，我们可不能拖着卷尺，飞到其他星系甚至附近的恒星来测量距离。因此，当天文学家们说，"到漩涡星系有23亿光年"（随便举个例子），你可能想知道他们是怎么得到这个结果的。

当恒星和星系变得越来越远，它们看起来越来越黯淡。我们可以使用这个效果作为有利条件，采用"标准烛光"来比照。想象一下你去商店买了一个100瓦的灯泡，插上电源后走开。当你走得越来越远，灯光看起来就会变得越来越暗。当你靠近它的时候你知道光有多亮，所以当远离它的时候，就可以通过灯泡的明暗来估计距离它有多远。我们现在的困难是不能在街头小店购买一个星系，所以很难知道它们的功率有多少瓦。

即使是埃德温·哈勃——这也许是20世纪早期最伟大的观测天文学家，

---

① 后面你会看到，"似乎"这个词用的有点多余。

也不能把距离校准得特别精确。1929年，他校准了星系之间的距离和视向退行速度，据此得到了著名的"哈勃定律"。在他的原始文件中，哈勃低估了星系距离，他算出的结果仅为实际的八分之一，而在过去的20多年里，有许多论文声称星系距离以及哈勃常数，与实际数值相差了一个2倍的因子。[①]从依巴谷卫星（1989年发射）和哈勃太空望远镜（1990年发射）得到的数据，天文学家测定的哈勃常数的误差控制在百分之几以内。

另一个宇宙膨胀之谜是测量星系正在以多大的速度远离我们。这或多或少与警方如何快速算出你正在以多大的速度开车相似，我们使用的方法是多普勒频移。你也许已经注意到一辆消防车经过面前时音调的变化。当车向你驶来时，警笛似乎有比平常更高的音调。而随着它的消失，又似乎产生一个较低的音效。光的效果是相似的，如果光源向你移动，光会比平常看起来要稍蓝一些。如果光远离，则会显得偏红一些。光源移动得越快，产生的红移就会越大。

"每小时44万千米？！就是这样，少年！我们可以把星系放在任何想要的地方！"

---

① 此后，由于我们对提高观测精度没什么太好的方法，一些其他分支的物理学家会嘲笑（而且他们经常这样做）宇宙学家。

假设我们把《芝麻街》中的甜饼怪以25%的光速射出地球，并跟踪拍摄这个过程。它的皮毛是深蓝色的，但在我们的望远镜中看到的是明亮的鲜红色。在观测天文学家的眼中，他看起来像埃尔莫，但不会那么怕挠痒痒。

我们知道，大部分关于这个话题的书最喜欢讨论的就是星系都在远离我们，但我们对你比对它们更有信心，接下来将要告诉你到底发生了什么。宇宙在不断膨胀，在大多数情况下，星系按兵不动，而它们周围的空间在延伸。这看起来似乎是吹毛求疵，但确实很重要。

当某个遥远星系发射出一道光，光子从他们的母星系长途跋涉来到地球，与此同时宇宙正在膨胀，而光子到这里的时间也变得更长，宇宙在随后这段时间里也会膨胀得更厉害。膨胀会影响你已经看到的光的效果。当光子"膨胀"的时候，它真正意味着光波变长。光的波长又决定了它的色彩。因此，如果宇宙在光子运动时膨胀，光子将会变得更红。如果光源是渐行渐远的，宇宙将在它运动的时间里膨胀得更多，因此光子将有更大的红移。

宇宙的中心在哪里？

如果你像我们一样认为自己是宇宙的中心，那么乍一看，哈勃太空望远镜对于宇宙的观测结果似乎证实了这个理论。所有的星系都急于离开我们（或宇宙在我们的周围膨胀，或别的什么），我们认为自己是特别的，这个想法很难改变。毕竟如果所有的星系都在离我们远去，难道我们不是中心吗？

假定我们偶遇长了触角的一群人，这些是来自距离我们银河系大约十亿光年的一群天文学家。他们中有一位斯奈格斯博士是其中的一个领导者。你想见他吗？好吧，我们得给你提供一些坏消息。因为他的星系距离我们有数十亿光年远，即使我们用无线电向Tentaculus VII发送信息，问候斯奈格斯博士，斯奈格斯博士也不会有任何回答。如果你幸运的话，你可能会从他的重重重（5000万重左右）孙女那里得到回答，并且就算她及时告诉我们哪儿错了，也要到另一个数十亿年后（假设她立刻回答我们了），我们的后代几乎可以肯定已经忘记了我们第一次问了些什么。事实上由于我们不能和斯奈格斯博士见面，所以没必要问他通过望远镜看到了什么。

实际情况甚至比这更复杂，因为宇宙正在膨胀。如果我们向Tentaculus VII发送我们的信号，事实上它需要超过十亿年来处理我们的请求，而回应的时间则会更长。这就像你想测量鳗鱼的长度，手中拿着一把尺子，看着它全身蠕动，此时你可以测量它的头在哪里，可你知道尺子的末端偏离了你所放的地方。

无论如何，我们仍然知道斯奈格斯博士通过望远镜将会看到什么。他将观察到与我们在地球上看到的相同的情景——天空中几乎所有的星系似乎都在远离Tentaculus VII，星系离我们越远，就消失的越快。铁证如山，Tentaculus VII星球无可辩驳地证明了他们才是宇宙的中心。

怎样才能让哈勃博士和斯奈格斯博士都正确呢？怎么又才能让两个星系都是宇宙的中心呢？

试想一下，假设你正在做一批蓝莓煎饼。我们选择这个口味有两个原因：第一，它们是美味的；第二，蓝莓看起来很像星系，它们在烹饪的过程中也会膨胀。当煎饼受热时面团开始膨胀时，蓝莓们开始彼此远离。如果蓝莓有感觉，它们中的每一颗都会注意到："其他所有的蓝莓都在远离，距离自身远的蓝莓比离它近的蓝莓离开的速度看起来更快。"[①]

这实际上提出了一个相当微妙的关键点，如果回头看看第一章就会觉得似曾相识。虽然在宇宙中的每个人都有这样的感觉，即其他所有人都在远离他/她，我们怎么能确定是谁在移动呢？

科学史之中贯穿着一个非特殊性的主题。尼古拉斯·哥白尼（著名的"哥白尼原理"的发现者）表明，地球不是太阳系的中心。1918年，哈佛的哈洛·沙普利表明，我们的太阳系并不是银河系的中心——尽管这只是一个假设。现在哈勃（以及斯奈格斯博士所在的星球）表明我们的银河系并不是宇宙的中心！

但正如我们所说的，没有什么能绝对算得上是宇宙的中心。我们打一个比方，想象自己是一只生活在气球上的蚂蚁。当气球膨胀时，你看到所有其他的蚂蚁都会远离你。

一个精明的、吹毛求疵的人可能会反对用蚂蚁的世界来做比喻。他也许会说："等一下！我觉得如果蚂蚁的世界正在膨胀，那么蚂蚁们会注意到的！毕竟我就能注意到我妈妈正在往汽车轮胎里打气。"没错，但在这种情况下蚂蚁却并不会注意到，因为它们的宇宙正在神秘的第三个维度上膨胀，而它们并不能直接地感知。[②]

也许我们正在四维空间里运动，这并不是指三维空间加一维时间。在本章的后半部分中，我们将讨论其他维数空间的可能性——超越了熟知的三维

---

① 蓝莓们也可能会高呼："神圣的摩西，我为你燃烧生命。"

② 反正蚂蚁不能开车。

空间。并且，这也很可能是非常难举例子的情形。在我们目前宇宙学的标准
模型中，实际上并不需要超越三维空间（加上时间）的模型。

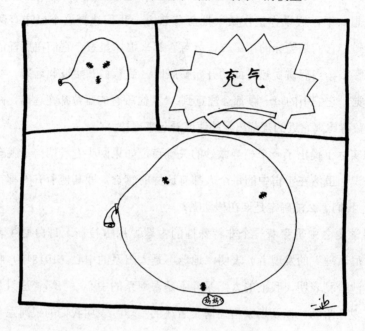

 宇宙的边缘有什么？

我们对于Tentaculus VII的讨论提出了一个重要的观点。假设我们有一台
功能强大的望远镜，它足以看到斯奈格斯博士的星球家园，那么我们看到的
其实并不是今天发生的事，而是大约十亿年前发生的。不妨来看一下另外更
遥远的星系，注意你正在看到的事情其实发生在更久以前。这是天文学家能
够研究极早时期星系属性的方式——观察很遥远的那些星系。

但是当我们看那些越来越远的物体时，总有某个距离，超过了这个距离
之后就看不到它们了。在地球上就称之为视界，宇宙作为一个整体来看并没
有什么不同。我们看不到视界之外的部分是因为光速是恒定的。由于宇宙只
存在了很短的一段时间（大约137亿年）因此任何比137亿年更久远的光我们

是看不到的。

这就是所谓的宇宙的起源这个问题的起因么？我们来做一些反向的推理。如果宇宙中的所有星系正在远离另外的星系，那么在过去某个时刻，它们（或者至少是组成它们的原子）必须正好是紧紧地抱成一团。我们所说的这个"事件"就是大爆炸，这可是一个很大并且让人脑子变得很混乱的主题（我们将在下一章中阐述）。

我们可以利用速度是距离与时间的比值这一点来估计大爆炸发生的时间。假设（以它表现出的情况来看，其实不甚合理，不过也足够接近了）Tentaculus VII星系的退行速度从一开始就保持不变，那么，宇宙的年龄可以用一个简单的数学方法来计算。想象一下，现在的星系之间距离越远，那么宇宙的年纪也就越大，因为所有的星系正在以一个可以测量的速度彼此远离。用数字代入我们的宇宙，利用信封背面做点计算，就可以估计宇宙年龄大约是138亿岁，这与你经过精确计算的结果十分接近。

如果有一个足够强大的望远镜，我们是否可以看到宇宙的起点？答案基本是肯定的，但并不完全对。当前距离我们最远纪录的保持者是被称为GRB 090423的星系，它们是那么的遥远，以至于我们在雨燕卫星中看到的是宇宙只有约6.3亿年（大约只有目前宇宙年龄的5%）时的图像，在当时看，宇宙的规模只有不到目前九分之一的大小。

更奇怪的是，GRB 090423似乎正在以大约8倍的光速离我们远去（我们正等着你把书翻到第一章，因为第一章曾清楚地表明这是不可能的），如果你还记得这是由于宇宙膨胀的话，这个谜团就得以解开了，不是星系主动在远离我们，星系是一直伫立在那里的。

看起来像是我们在撒谎？当然不是。狭义相对论可没有说物体不能移动得比光速还快。它**实际上**说的是：如果我向天空中发射一个蝙蝠侠的独门信号，无论蝙蝠侠怎么努力，也不能坐着蝙蝠飞机追上它。更笼统地说，这意味着没有任何信息（例如粒子或信号等）能跑得比光速更快。这仍然是绝对正确的，即使在一个迅速膨胀的宇宙。我们也没有任何方法能利用宇宙的膨胀来赢得和光的赛跑。

　　事实上，我们甚至可以看到比GRB 090423更早的时间，但我们需要无线电接收器才能做到。我们可以追溯到宇宙只有38万年的时候，那时它的成分只有氢、氦和高能辐射。

　　超过了这个距离，我们的视线将变得十分模糊。因为宇宙在早期一片混沌，就像你想透过邻居的窗帘看东西一样[①]。我们看不到宇宙的另一头是什么，但我们知道宇宙现在是怎么样的（包括从宇宙早期到现在的所有时间），所以我们可以猜到宇宙的窗帘后面有些什么。这听起来很诱人，不是吗？

　　尽管我们不能完全看到视界之外有什么，但是我们可以近距离观察政府的工作。最酷的是，随着我们等待的时间增加，我们可以看到日渐衰老的宇宙和渐行渐远的视界。换句话说，来自宇宙深处的光也许刚刚抵达地球。

　　在视界之外有些什么？没有人知道，但我们可以做一个可靠的猜想。请记住，哥白尼和他的继任者已经卓有成效地向我们表明，"身在，心在"。所以我们可以认为宇宙在视界之外的情况和这里差不多。当然，也会有不同的星系，而数量大约和这里相同，他们看起来和我们周围的星系一样。这并不一定是真实的，可我们认为没有理由不相信，所以我们作此假设。

空无一物的空间是由什么组成的？

　　宇宙一直在膨胀，但是实际上宇宙中的星系是几乎不移动的，这是怎么做到的？我们需要回头来看看爱因斯坦的广义相对论。约翰·阿奇博尔德·惠勒说了一段很著名的话，"空间告诉物质如何移动，物质告诉空间如何弯曲"，而这正是你应该具有的想法。

---

① 并不是说你会尝试这样做，我们可不喜欢那么揣度你。

广义相对论①
"宇宙是高度机密的。"

我们需要提醒你的是，尽管我们承诺过会避开数学，但惠勒描述的实际上是一种表达广义相对论的中心方程的简洁方式，即爱因斯坦场方程。虽然我们不会在这里写出场方程，但也会介绍一些关于它的知识。

爱因斯坦场方程

① 广义(general)与将军在英文中是同一个词。——译注

场方程的左边①定义了同处一个时空中的两点之间的距离，我们称它为"度规"，通过探索空间上度规的变化，我们能够描述空间的弯曲程度。度规之所以重要，是因为粒子很懒，它们会选取最短路线以最大限度地减少移动的时间。在平坦的空间中（即没有引力），你可能会想到最快的路线是直线，但如果由于引力作用使空间弯曲，那么事情就会变得更加复杂。

比如说，你向朋友扔一个球，希望它尽可能快地到达你朋友那里，也许最快的路径是一条直线。但是别着急下结论！引力会（正如我们在上一章中所看到的）使在地球表面的时间流逝得慢**一点**，所以球如果稍稍远离地球表面，沿着一条弧线飞行可能会更快到达你朋友那里。另一方面，如果弧度太大，那么球就必须以很快的速度飞行。正如我们看到的，对于一个高速运动的球来说时间会变慢。它不得不向时空曲线妥协，球看起来沿着曲线运动。看到了吗？不过请无视这次谈话中关于相对论里的时间和扭曲的空间的描述。像地球这种弱引力场中，引力表现得正如牛顿所描述的那样。

但是如果我们想弄清楚宇宙是如何作为一个整体演化的话，我们将不得不摆脱地球的弱引力场。要做到这一点，就需要讨论一些关于度规的事情。我们提醒读者记住这样一个事实：度规告诉我们两点之间距离有多远。想象一下，你有一把正在慢慢缩短的尺子。当测量完它们之间的距离后，你会和波基普西说，你们测量的距离在不断增加。

这恰好是现实宇宙中正在发生的事！

空间不是那些在小学的时候被灌输的绝对的东西，我们已经看到对移动中或者大质量的物体附近的观察者来说，时空是相互关联的。现在我们认识到空间是随着宇宙的年龄变化的。

爱因斯坦场方程的右边是什么？惠勒已经给出了答案："物质告诉空间如何弯曲。"在宇宙中的物质告诉宇宙如何演化。

当我们实在不知道广义相对论方程的时候，如何去理解这一切呢？别怕。记住，你关于引力的物理直觉可比你所期望的还要好。

---

① 事实上，我们用"方程的左边"来表达就是为了避免写方程本身。凡事适可而止！

我们一直在高谈阔论关于宇宙的膨胀，但实际上并没有提到任何关于宇宙到底是些什么的想法。艾萨克·牛顿在他的《自然哲学的数学原理》中讨论了很多内容，并设计了一个小实验，想让宇宙看起来形象具体。回忆一下第一章中的邋遢哥、伽利略和爱因斯坦（排名不分先后），我们发现只要正在以恒定的速度移动，没有哪个观察者可以告诉大家他们是正在移动还是处于静止状态。对两个动态观察者而言，唯一重要的事情是运动的相对状态。

牛顿想象一个水桶挂在扭曲的绳子上，装满水并保持不动。然后释放水桶，随着绳索被松开，水桶跟着旋转。起初水保持不动，水桶的边在旋转。最终，由于水桶和水相互碰撞摩擦，水随着水桶旋转。正因为如此，水桶边缘的水位在上升。

我们知道你正在疑惑：这又能说明什么问题呢？

之所以这能成为一个大问题的理由是，通过牛顿的水桶实验的结果，水桶和水之间并没有发生相对运动。我们仍然能说水桶和水正在发生旋转。关键的问题是：水桶怎么"知道"它正在旋转。

举一个例子，你去参观任何一个科学博物馆，都可以看到一个傅科钟摆。钟摆就是一个由绳或杆悬挂着重物（或者摆锤），能够来回摆动的东西——看起来就像老祖父家里的大座钟。傅科钟摆被设计成可以朝任何方向摆动。让摆锤前后摇摆，但只要观察者看的时间足够长，他会注意到摆锤也在旋转。或者更确切地说，钟摆不管它下方的地球如何自转，它只知道前后摆动。不知道为什么，钟摆就是知道如何相对于空间维持其固定的方位。

或者我们想象一下在宇宙深处的老朋友邋遢哥，坐在一个巨大的火箭动力室中，就像在游乐园的旋转滚筒里一样。

火箭开动，滚筒开始旋转。片刻之后他们停了下来，而整个奇妙的装置继续不断旋转。如果你看过《2001：太空漫游》或任何其他科幻电影，在一个旋转的空间站中模拟人造重力，你知道这样的话邋遢哥会被抛到墙上①。

---

① 或者说如果他在滚筒内停留太久，他将会一直贴在墙上。

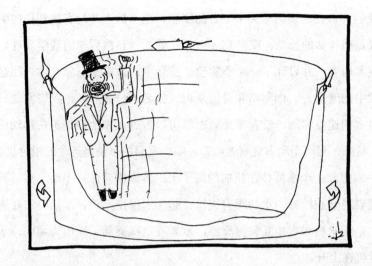

如果邋遢哥和他的旋转滚筒只是孤零零地待在宇宙中，我们会感到一点困惑：他们为什么能说在旋转呢？又在相对于什么旋转呢？不要试图使用"空间"这个单词来回答这个问题。毕竟空间是虚无的。

大约240年后，哲学家厄恩斯特·马赫在他的《力学及其发展的批判历史概论》中提出了同样的问题：

> 研究者必须感到需要有关宇宙质量的直接联系的知识。其中加速和惯性运动将导致同样的结果，可以作为一种理想的洞察事物整体的法则出现在他面前。

我们并不打算将这个观点称为宇宙运转规律的一个精确而科学的解释，如果不是爱因斯坦沉迷于"马赫原理"的事实（就像爱因斯坦自己创造的想法），我们很可能已经忘记马赫所说过的话了。爱因斯坦把原理解释得更为简洁："惯性起源于这类实体之间的相互作用。"

还是太复杂了？那么"**那里**的质量影响**这里**的惯性"这个说法怎么样？

这可真不错！当然，物质会影响物体的运动。这就是我们所说的引力。但这并不是马赫所说的，也不是爱因斯坦所说的。马赫所说的就是通过比较我们的物质和遥远的星系，可以弄清楚我们是否正在移动，或者至少知道我们是否正在加速。这和你通过观察山之后，得出你所乘的火车正在移动的结论没有什么不同，因为山很大而你很小，所以你的运动可以相对宇宙中较大的东西测量出来。

爱因斯坦以马赫原理为一个主要灵感得到了他的广义相对论。他的基本想法是，"遥远的恒星"平均意义下是固定的，你只能说有些东西正在加速，或者对物质来说它在旋转——如果它相对于固定位置的恒星这么做了。

马赫原理成立吗？

它并不是一定成立的。在数学上，爱因斯坦方程有一个真空解：那就是完全没有物质。显然，在这种情况下没有遥远的恒星，但爱因斯坦的狭义相对论仍然预言，假设你突然闯入一个空的宇宙，你可以"感觉"到自己的旋转。

但是，一个完全由真空组成的宇宙显然是不合逻辑的。我们的宇宙中包含很多物质。广义相对论考虑了宇宙中的物质的贡献。它的贡献就是宇宙中处处可以感觉到这种"弯曲"的空间，包括在地球上。

几乎就在爱因斯坦提出他的广义相对论之后，维也纳大学的约瑟夫·伦泽和汉斯·瑟伦指出，如果物体足够大，例如黑洞，还带着旋转，在它周围的空间就会不断被拖进去。换句话说，如果你保持静止，看起来就好像你在打转一样。这个想法不只是一个猜测。人们已经发射了许多卫星，用来根据地球和火星的旋转测量空间拖曳。

关键的一点是，在最大的尺度上，似乎是物质"创造"了空间，哪怕局部的空间看起来什么都没有。

🐙 空间有多空？

之前几页的话题变得太深奥了，例如聚焦空间的本性等问题。现在是时候把这些问题变得形象化一点了。最后我们可以和你做笔交易：如果你同意宇宙中的星系在宇宙膨胀时几乎是不动的话，我们就承认，通常来说沉溺于我们是宇宙中心的幻想往往不会造成伤害。如果你同意，请用力摇本书表示接受。

我们视之为同意。

我们可以做一个十分精确的模型，此模型以你为中心。接下来就从最基本的问题开始：宇宙的膨胀是在加速还是在减速。从宇宙的角度来看待这个问题，你不妨尝试以下的实验：

1.　带着一个棒球去外面
2.　把它直接扔到空中
3.　闪开

不管你重复多少次这个实验，最后的结果都会应验这句老话：有升起的时候，也必将有回落的一刻。

当然，我们能造出飞到火星的火箭的理由是，如果掷球或助推火箭的速度足够快，那么球和火箭就能够摆脱地球引力。地球的逃逸速度约为每小时4万千米。火箭能进入太空是因为它们的移动速度大于逃逸速度。

在月球上，逃逸速度是每小时8000多千米。事实上，如果你在月球上，抛出一个速度为每小时16 000千米的棒球，那么你发现球会飞向外太空。而在地球上以同样的速度抛出一个棒球，它就会回到地面。我们从更多的角度来看待这个问题。火星的卫星火卫二，它的逃逸速度大约为每小时21千米。在火卫二上**我们也可以以逃逸速度扔出一个球呢！也许。**

是什么让火卫二与地球如此不同？答案是质量[①]。地球质量较大，因此产生的引力也较大。质量越小，那么引力就越小，就越不能把棒球拉回到行星（或小行星、月球，或别的什么）上，所以火卫二的逃逸速度就更小。这对

---

① 　没错，火卫二是罗马天主教徒。（质量Mass一词又作基督教圣餐。——译注）

大质量的物体——例如星系也成立。

如果宇宙是完全空的（幸好有我们，所以不是），它就会完全不减速永远持续膨胀下去，因为没有物质可以使它变慢。如果有一个空荡荡的宇宙，我们在其中放一些东西，它膨胀得就会慢一点。请记住这点：物质影响空间。如果把整个空间都塞满东西，宇宙会坍塌到它最初的样子。

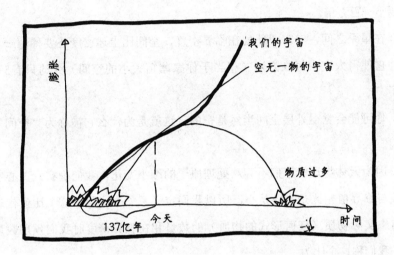

无限膨胀和大坍塌之间的命运分界线叫作宇宙的"临界密度"，它的数值比你想象的低得多。

人们倾向于认为宇宙空间极度地拥挤，所以我们要从附近的宇宙空间开始，逐步检查实际情况。回想起《星球大战》中的场景，当汉·索洛穿越一个拥挤的小行星带时，他几乎都不能控制"千年隼"号飞船了。你也许知道，我们的太阳系在火星和木星（从太阳开始数分别是第四和第五颗行星）之间的轨道上有一个小行星带。如果你鲁莽地尝试驾驶飞船到木星会发生什么呢？

不会有什么事情发生。

天文学家也不能确切地知道到底有多少颗小行星，保守的估计在一千万颗左右，这就意味着这些行星之间的平均距离超过百万千米。如果你对这个距离没什么概念，那么可以想象一下100万千米是大约地球到月球距离的3

倍，地球上只有几十个人到过这么远的距离。

如果人们离开太阳系去其他星系的话，那么离我们最近的恒星是半人马座，和我们相距超过4光年。那里和地球比较起来真的显得非常荒凉。平均看来，每立方厘米（大约和标准尺寸一样大小）的星际空间只包含1个氢原子。这比地球上的空气还要稀薄10^{16}倍，比我们所能创造的最好的人工真空的密度也要小一百万倍。

在星系之间，宇宙即使处在临界密度，空间比上述密度还要稀薄一百万倍。它使得太空中每立方米（相当于你家冰箱大小的空间）大约只有5个氢原子。

你可能会觉得外层空间当然是空的。这就是为什么它被称为"空间"的原因。

因为天体物理学家们不喜欢处理原子的细小变化，我们确实只关心宇宙密度与临界值相比是大还是小，所以我们定义了一个比值。这个比值代表了宇宙中实际物质（任何形式的物质）的数量和在临界密度时我们预期数量的比，我们称这个比为

$$\Omega_M$$

如果想要告诉妈妈你在这本书里学到了什么东西[1]，却又懒得写下来，那么可以把这个记号称为"欧米茄物质"。

我们马上要毁了你的惊喜。告诉你吧，对Ω_M的最佳估计为宇宙临界密度的28%（加上一点点的小误差）。随着宇宙的膨胀，宇宙中的物质变得越来越分散，所以随着时间的推移，它看上去会越来越空旷。这意味着宇宙的密度会减小（空间越来越大，但没有更多的物质产生），这个比例将变得越来越小。

————————

[1] 喂，妈妈？没错，是我。我正在读一本关于物理的书，我想告诉你，相对于宇宙的其他部分来说你的密度有多大。

这是一个非常重要的数字（至少对令人讨厌的天文学家来说是这样），在过去的20年左右的时间里，大部分的主流宇宙学都专注于试图得到这个数字，并且只有少数人[1]指出了宇宙的年龄、命运、未来和它的过去。这个数字特别的重要，因为这告诉了我们宇宙是否会重新坍塌，或者永远膨胀下去。要确定这个值，就需要测量身边有多少的物质。所以基本的问题是，我们如何给宇宙称体重？

在目前宇宙中能观测到的部分大约有1000亿个星系，它们包含了宇宙的大部分质量。如果我们能弄清楚如何给星系或星系团称重，然后把特定区域所有的质量都加在一起，这样就可以知道宇宙的密度了。

所有的物质都在哪里？

如果我们想出一个办法能有效地称出个别星系的质量，借此取代给整个宇宙过磅，那会非常了不起。接下来看看这个想法怎么样？在某个星系中数出所有的恒星数，并假定它们几乎都像太阳。当你向夜空凝望，所见到的一切都只是星光，或者像月球和行星那样反射太阳的光。更重要的是，在我们的太阳系，约99.99%的质量形式都在恒星中（我们的太阳），所以假设（几乎）所有的质量都集中在星系的恒星中并不是那么离谱。如果我们用超级计算机处理这些数字，会发现，$\Omega_{恒星}$只有大约0.2%。

这个结果意味着存在许多超越我们观测范围的星系，比如《变形金刚》里汽车人和霸天虎的塞博坦星。在星系中普通"物质"的最主要成分是大量气体，其辐射的X射线多于可见光。所以不论用什么方法，如果你能将喜欢的星系带到牙医的办公室里，通过测量X射线的辐射，他就可以告诉你里面有多少气体。如果把这个方法应用到所有恒星的质量上，你会发现Ω_M的值大约为5%，这仍然表明了宇宙是相当空的。

---

[1] 这是迄今为止天文学家在"得到宇宙中关键的数字"游戏中所做的最成功的尝试。

这个5％有点让人吃惊，而且令人困扰。它表示包含在普通物质中的总质量，物理学家喜欢叫它"重子"，也就是你记忆中[①]的质子和中子。这意味着所有的元素都由重子构成，所有的原子和分子是由重子构成的，你和我、太阳、地球、恒星、气体、尘埃等，以及一切你曾经见过或曾经和你有联系的东西都由重子构成。你可以做一大堆不同的测试来数一下宇宙中的重子。所有这些结果表明，Ω_B——重子的临界密度，只有约5％。

这一切看起来都很好——除了由维拉·鲁宾和她的合作者在1970年首先提出的一个观察到的奇怪现象。她指出恒星绕着星系旋转，而整个系统是由引力维持在一起的。如果一个星系没有足够的质量，那么恒星就会飞出去。就像你玩溜溜球的经典绝招"环绕世界"时有人剪断了线，你会看见同样的事情发生。溜溜球将不在"轨道上"飞行，而是径直飞走了，也许会把某人的牙齿给打出来[②]。现在的关键是，我们可以通过计算多普勒频移来测量恒星绕星系中心的速度有多大，并由此知道主星系的总质量。你猜怎么样？该星系实际比我们猜测的重大约6倍！换句话说，Ω_M是28％左右，我们只能假设大部分的质量（大约85％的份额）是由某种我们看不到的神秘物质"暗物质"组成的。

也许我们的测量有一些问题，或者干脆在计算的时候就出错了。奥卡姆剃刀原理认为，最简单的解决方案就是最好的方案，更简单地说，承认出现了一些错误，远比说没能看到宇宙中85％的质量要容易得多！我们需要做一些其他测试。

近年来，美貌与智慧并重的天文学家已经开始使用被称为"引力透镜"的技术来测量星系和星系团的质量。透镜利用了这样一个事实，即类似星系这么庞大的物体会使空间产生弯曲，光束也随着空间弯曲。例如，如果Tentaculus主星系位于地球和更遥远的星系之间，背景星系的图像会因为大质量的Tentaculus星系而失真。质量越大，失真就越严重。

---

① 你肯定记得。

② 在你的危险溜溜球和星系X射线之间，本章会带走一些你的运气。

对于星系团而言，这种影响是相当巨大的，因为星系团的质量大到太阳质量的1000万亿（10^{15}）倍。当星系团以星系为背景，从这些本来看起来正常的星系图像在地球上看来像是奇怪的弧线，偶尔会出现同一星系的两个图像，就像用放大镜看你的手指可以看到不止一个图像一样。

就像一部动画片不间断播放是一种十分罕见的情况，看看用哈勃太空望远镜拍到的Abell 2218的星系团图像：

如果你仔细看，会发现一些非常明亮的圆形的星系。这些都是在星系团中的星系。不过，你也可能会注意到有一些被拉长的影像斑点和戏剧性的弧线。不论你相信与否，这些也只是普通的星系，但由于它们藏在星系团的背后（从地球上看），图像就被引力场严重扭曲了。

透镜提供了测量星系的另一种方式。因此，宇宙和数字指向同一个东西——这种东西在宇宙中比"普通"的重子质量重了大约6倍。2004年，亚利桑那大学的道格拉斯·克洛和他的合作者研究了被称为"子弹星系团"的两个碰撞的星系团，并发现了一些很有意思的东西，这是一个令人十分振奋的结果。

正如我们在上面看到的，在星系团中大部分的普通质量不是由恒星构成的，而是由热气体构成的。恒星是我们可以用肉眼看到的星系的一部分，只是一小部分。因此假如这些难以看到——或被称为暗物质的物体确实是由普通物质构成的，我们猜测可能它会和气体并列。

克洛和他的合作者不仅发现，星系团的质量比猜测它是由气体组成的物体质量更大，而且"暗物质"表现得也不像气体！换句话说，尽管我们不知道它到底是什么，不过现在却知道如何找到它。在第九章里，我们会带大家好好看看暗物质到底是什么。

宇宙为什么会加速？

一直到1998年，宇宙学才在暗物质之外有了新的发现。因为我们仍然不断得到关于星系质量的新的测量结果，许多宇宙学家确信Ω_M最终将增加到100%。人们没有有力的证据反对，并且大多数的理论都支持这个数据[1]。然而到了20世纪90年代中期，一系列观察结果都和这个想法大相径庭。

我们早些时候提到，测量到其他星系距离的主要想法之一，是因为知道它们本该有多亮，并通过测量它们相对于我们而言的明亮程度，来知道它们和我们之间的距离。大自然似乎已经提供了一个很好的"标准亮度"，这个标准来自一种爆炸的恒星，我们称为"Ia型超新星"。

Ia型是由一颗白矮星和一颗红巨星组成的，在围绕对方旋转的轨道上运动着。白矮星是燃烧的恒星核，密度非常大。而红巨星体积很大，它的引力相对较弱，这意味着，红巨星大气中的气体将落在白矮星的表面。

白矮星是个非常结实的物体。当我们的太阳变成白矮星[2]，它会变得和地球一样大小。这些恒星的密度是如此之大，以至于自己的电子会和其他电子

---

① 该理论被称为"暴胀"，我们将在下一章讨论它。目前的估计表明，Ω_M约为28%（之前的首个暴胀模型的预言是100%），这本该永久地摧毁"暴胀"。然而理论物理学家意识到，他们可以调整自己的方程使一切问题得到解决。这应该给了你一个宝贵的教训，不要轻信那些声称已经弄明白了事情真相的理论物理学家。

② 当然，这之前太阳早就变成红巨星了，那时地球早已变成炸薯片，没有地方适合我们生存。

相撞。白矮星的密度大约是岩石的上百万倍，无论再怎么努力也很难再压缩白矮星了。然而，最终有足够多的被红巨星遗弃的东西都落在了白矮星的表面，以至于它再也不能接收任何更多的东西，恒星中的质子和电子融合，形成"中子星"。当这种情况发生时，巨大的冲击和爆炸的产物称为Ia型超新星。在几个星期内，太阳会把它的整个生命周期几十亿年内积聚的能量通过爆炸尽可能地释放出来。

红巨星的物质被白矮星捕获

当超新星爆发的时候，你可不会想待在它旁边。即使逃到距离它们10光年远的地方，对地球上的生命来说也是致命的。幸运的是，任何一个星系大约每个世纪只会发生一次爆炸，银河系有几万光年宽，概率上来看我们暂时是安全的吧。不过坏消息是我们还没有办法预测超新星何时何地会爆发那么一下。

但天文学家（通常来说这些人是厌世者）仍然喜欢发生在这些天体上的大灾难。超新星为我们制定了非常精准的标准亮度，因为：1）它们发出令人难以置信的耀眼的光芒，也就是说，即使相隔很远的距离也能看到；2）由于它们都在大约相同的条件下"爆发"（即，一定量的物质已经落到白矮星上），看起来都或多或少相同，这意味着我们可以校准和它们之间的距离。

1998年，由索尔·珀尔马特和亚当·赖斯带领的两个团队分别测量了50个这样超新星的距离，顺便还可以收集红移。他们不仅知道离超新星有多远，并且可以知道自此之后宇宙膨胀了多少。

他们都同时独立发现了一些令人振奋的东西。宇宙并没有减速，正如人们所预料的那样，我们其实已经告诉你它实际上在加速。当爱因斯坦最初提出了广义相对论的想法时，他曾无意中发现了这样一些情况，并把它称为"宇宙常数"，如果你曾经学过微积分，它非常像不定积分中"加一个常数"的概念。如果你还没有学过微积分，其实对你理解也不会有太大的影响。

爱因斯坦是从让宇宙静止的观点发明宇宙常数的，而当哈勃发现宇宙膨胀时他很尴尬。但是，不管它的来源是什么，宇宙常数背后的数学是合理的。在超新星的结果出来之后，人们又重新对宇宙常数产生了兴趣。虽然这一次，这个常数是被看成一种"暗能量"的物质弥漫在宇宙中。

爱因斯坦指出，压强大的气体产生的引力比没有压强的气体更强。这个差异很重要，因为暗能量有负压力，它表现为一种反引力，导致宇宙加速。更奇怪的是，随着宇宙的膨胀，这种能量的密度却没有减小。这就像你有一团糖稀，你用手不断拉伸它，却不知为何它居然没有变得稀薄。这绝对是和你的物理直觉背道而驰的情况。

你是不是觉得这事听起来有点太不可思议了？好吧，确实如此。在第二章我们已经看到了一些十分类似的东西。请记住基于光子不断出现并消失这一事实，宇宙中弥漫着"真空能量"。同时请记住，如果我们拉伸或粉碎一箱真空能量，它的密度仍然会保持不变。

我们知道这看起来就像是在玩游戏，所以只有告诉你人们已经观察到了这样的结果，你才会打消疑虑。1948年，莱顿大学的亨克·卡西米尔指出，如果把两块金属板放在真空中，并使它们之间保持一个很小的距离，人们吃惊地发现它们会相互吸引。按理说如果这两块金属板不带电的话，是不会发生这种情况的。我们得假设宇宙中有一个无处不在的真空场，这一切才能说得通。由于电场在金属板内部消失，两块板之间的真空场会比外部的低得多，导致它们互相吸引。

"卡西米尔效应"是最强也是最直接的能证明真空能量真实存在的证据。而这种性质正是我们所要找的暗能量。

这真是个好消息。

当我们想知道宇宙中有多少暗物质时，又会得到一个坏消息。由于物质和能量是等价的（正如我们在第一章中看到的），于是我们提问暗能量的密度参数是多少，发现根据宇宙学测量，Ω_{DE}的值大约为72%。之所以使用一个下标"DE"是为了提醒你，我们现在正在谈论的是暗能量。

卡西米尔效应

这个数字似乎是个好消息，因为如果你把

- Ω_B=5%（普通的物质），
- Ω_{DM}=23%（暗物质），
- Ω_{DE}=72%（暗能量）

加在一起，我们发现宇宙中的总能量密度的临界值——Ω_{TOT}（如果你把不同的部分加在一起）为100%。这个结果会带来一些非常有趣的影响。

现在到播报坏消息的时间了。如果我们正确了解了前面提到的用金属板做的实验，那么实验室的实验和大多数理论都表明，宇宙中的"真空能量"应该比我们在宇宙测量中看到的大10^{100}倍。

在物理学中，我们称之为一个"问题"。

宇宙是什么形状的？

我们对Ω_{TOT}这样大张旗鼓研究的原因是，宇宙的密度不仅仅是告诉了我们其自身将如何演化，它也描述了宇宙的形状。

下面来谈谈我们的一些想法。之前已经说过无论是地球，还是Tentaculus VII星球，都基本上固定在宇宙中。距离我们十亿光年之遥，有一个超级智能机器人的文明，由他们的领袖——天文学之王XP-4领导。此时出现一个惊人的巧合：在一个特殊的日子，哈勃、XP-4和斯奈格斯博士每个人都拿出其他两个恒星系统的图片，然后记录它们之间的夹角。

等一等！角度是哪儿来的？当你仰望夜空，你可能意识到你看到的其实并不是一个真实的3D宇宙图像。在天空中看起来很近的星星可能真的距离很近，当然也有可能刚好一个离我们远，一个离我们比较近。在地球上，我们可以凭借肉眼（我们从眼睛得到的深度知觉）解决这些分歧。但对于遥远的星系来说，我们根本看不出来，所以只能借助测量。只能测量夹角之间的恒星或星系距离有多远。

现在，继续我们的三角实验，三个文明各自把它们的角度测量值传送给其他两个。它们每个都（或者从现在开始等10亿年）知道空间中一个等边三角形的所有内角度数。

如果我们在纸上画了一个这样的三角形，我们知道，每个角度都是60

度。这是在平坦的空间中会发生的情况。当它成立的时候，如果Ω_{TOT}正好等于100%，那么空间将是完全平坦的。平坦的宇宙更加适合生活，因为你的直觉会变得更准确。

但是，平坦的宇宙并非是唯一的可能性。想想惠勒告诉我们空间是怎么弯曲的？如果Ω_{TOT}大于100%（可能在宇宙中存在着被我们遗漏的更多的"东西"），宇宙学家就会说，宇宙是"闭合"的。其实很容易去想象一个闭合的几何形状。它看起来几乎和地球表面一样，连接一个三角形的三个点，我们会发现内角加起来超过180度。

我们为所讲的不是欧氏几何而道歉。但我们必须指出关于这种三角形的一件很酷的事情。如果把一个星系放置在远离地球的一个平坦的宇宙中，然后（假设平行宇宙的存在）在一个闭合的宇宙中做同样的事情。那么在闭合的宇宙中星系看起来会更大。

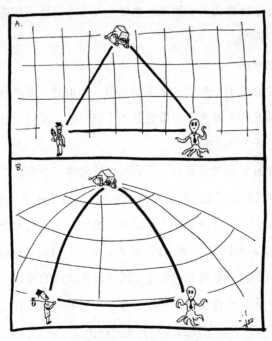

一个平坦（A）和一个闭合（B）的宇宙

到时间做一个小测验了。如果Ω_{TOT}大于100%的宇宙是闭合的，那么你觉得小于100%宇宙会怎么样？如果你回答"开放的"，我们会很乐意在明天通过邮件给你颁发一个博士学位。正如预期的那样，开放的宇宙具有这样的性质：远处的物体看起来比你从一个平坦的宇宙中看到的显得更小。

我们住在哪一个宇宙里呢？如果宇宙学参数是正确的，我们是生活在一个平坦的宇宙中，或者至少非常非常接近这种情形。在现实中，几乎平坦和平坦之间没有实际上的差别。这有点像在地球表面上。是的，地球是圆的，但你在日常活动中会很容易忘记这一事实。

闭合的宇宙是三个假设之中唯一一个有限的。这并不是说，你可以走到它的尽头。就像一个球，如果你一直走，最终你会回到你开始的地方，但你永远走不到它的边缘。

另一方面，我们通常认为平坦（开放的）的宇宙是无限的。我们用一种很有技巧性的说法来精确解释无限。当然这种情况下宇宙是没有边界的。这也意味着宇宙是字面意义上无限的。也就是说，你可以不断前进，却永远不会到达同一地点两次。

也许不是这样的。

广义相对论描述的是所谓的宇宙的几何。如果把一张纸折成筒状，仍然是一张白纸，从几何角度来看它依然是"平坦"的。我们之前讨论的三角形都是在卷起来的纸上进行的。

就像一张纸被卷成筒状那样，宇宙可能被卷成一个圈。它被称为宇宙的拓扑，可惜现有的物理理论无法告诉我们宇宙是不是卷成了一个圈。

从理论上来说，斯奈格斯博士可以仰望星空，并且在天空的反方向看到两幅Klankon主星系的图案。1998年，蒙大拿大学的尼尔·科尼什和他的合作者希望看到来自微波背景辐射的信号（即宇宙大爆炸的残余）中有类似可测的效果。结果什么都没有发现。不过这并不意味着宇宙没有对自我折叠，但如果它这样做了，那么其尺度会比视界要大得多。

宇宙会往哪儿膨胀？

所有关于动力学和几何学的讨论似乎是有点跑题了。但是我们现在准备要弄清楚宇宙到底往哪儿膨胀。问题是广义相对论和我们的观测都不能真正回答这个问题。请记住，物理只告诉我们在某些情况下会发生什么，而不是在最基本的层面告诉我们宇宙到底是什么样的。宇宙学提出了自己特殊的问题。我们只有一个宇宙可以观测。如果你不喜欢这个答案，也许是你没有问对问题。

所以尽管看起来可能有点令人失望，我们恐怕也不能给你一个明确的回答，但是可以给你提供一些不同的思考问题的方式。

宇宙会往哪儿膨胀？任君选择：

1. 虚无

在我们看来，这是最好的答案。如果我们回想一下广义相对论是如何工作的，度规（任意两点距离多远）是唯一定义太空如何运作的办法。其结果是，不存在宇宙的"外部"。这是我们通过这一整章所给出的观点。你可以不停地飞，但永远不会到达边缘。即使宇宙是有限的，它还是会卷回来形成一个圈。

2. 无所谓

我们意识到这不是一个回答。问题的关键是，我们的物理只是在视界范围内观察得到的。为了方便起见，假定在可观测的宇宙外部只不过是一片空白，完全没有物质。也许一切都是紫色的，或者具有与我们的性质很不同的其他的"宇宙岛"，我们确实什么都不知道。如果它在视界之外，我们永远都不知道会发生什么。请记住，哥白尼的非特殊性假设指出，无论你在哪里，宇宙都是相同的。所以从概率上来说，人们并没有错过什么特别的东西。

另一方面，随着宇宙的不断膨胀，我们的视界变得越来越大，看到的将会更多。我们会在极限范围内得到一个越来越好的视角来看自己是否处在一个特殊的位置。

碰巧的是我们的宇宙刚好有暗能量，并且随着时间的推移，普通物质和暗物质会扩散得越来越多，但暗能量不会。它们只会不断加速，加速，这意味着在空间中任意给定的点会继续远离我们，而且越来越快。在我们的宇宙中，视界会最终达到最远的极限。在那之外还有什么？我们永远都不会知道。

3. 更高的维度？

我们之前提到，宇宙中除了我们习惯了的上下、左右和向前向后的维度之外，存在潜在的其他维度的可能性。时间肯定是另一个维度。从某种意义上看，宇宙正在朝时间膨胀，但这个解释如果作为一个物理理论的话就是胡说八道。宇宙和其他东西一样正在走向未来。

过去的几十年里，我们已经看到一大堆不止三维的宇宙模型，通常被称为弦理论，十维的M理论把弦理论推向了顶峰，我们在第四章中已经碰到过了。试回想一下，根据弦理论，粒子之间的差异你都已经知道了。在他们看来，所有的粒子基本上都是弦，每一个弦都可以分裂成两个①，或两个可以连成一个。

但M理论还特别预测了一些更复杂的结构。在弦理论中，"弦"确实只占一维结构，M理论预测了复杂得多的二维和三维"膜宇宙"（缩写）的存在。单个粒子（如光子）可以被一个特定的膜宇宙所"困住"。

对我们来说，整个宇宙可能就是一个巨大的三维膜宇宙，而且我们正在更高维度的空间内移动。也许还有其他的"宇宙"在附近徘徊，但因为我们

---

① 我们可以把一个普通的圈切成两段，然后将两段接成一个新圈。

的光子被困在自己的膜宇宙中，其他光子被困在它们的膜宇宙中，所以我们永远看不到它们。然而M理论表明，我们能感觉到它们或者至少它们的引力作用，也许这些膜宇宙偶尔发生点碰撞造成毁灭，接着我们的"宇宙"就重生了。

僵尸弦理论家①

在这个意义上，也许我们的宇宙，我们的"膜宇宙"，可能正在向更高维的宇宙移动。

当一切尘埃落定的时候，宇宙似乎向虚无膨胀。当然，它其实是向更高的维度膨胀（或至少移动），我们不可能直接感受到这种高维度。这样的宇宙烧脑解读你感觉怎么样？

---

① 膜brane与大脑brain的发音相同。——译注

第七章
大爆炸

"'宇宙大爆炸'之前发生了什么？"

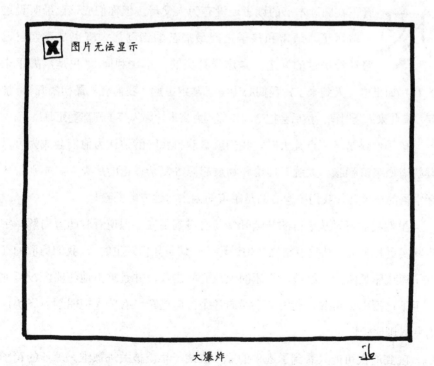

大爆炸

尽管正在阅读本书的读者还没有为人父母，但你们应该已经听说过一些事了。通常和孩子之间最痛苦的话题（大概也是我们自己曾经经历过的）之一是这样开头的：小比利问，"我是从哪里来的？"如果这一天到来了，我们心中早已拿定主意。我们会从**最初的**开端[1]扯起，借此来拖延时间，然后会把话题转移到海盗上，因为孩子们都**爱死海盗**了。

孩子们还是一丁点儿大时，我们就喜欢自我陶醉地认为他们会成为可以理解诸如宇宙膨胀、大统一理论和物质起源等复杂理论的那类人。先别管牙牙学语的小孩儿，我们要操心的是宇宙的创生和远方的探险！

虽然我们可以从宇宙的开端开始一直讲到现在，但逆着时间方向解释宇宙其实更有意义。从故事结尾开始讲述这一切是如何发生的[2]。我们勇敢的红胡子海盗船长刚刚已经被西班牙的无敌舰队击败，并且英勇地随船沉没。他的手下可没那么勇敢，逃上了小船向各个方向逃窜。有些人把船划得飞快，有些人则比较慢。

晚到的人可能只看到了逃生的船（红胡子早就被关进戴维·琼斯的箱子

---

[1]　诚然，随着小比利长大，知道他**究竟**来自哪里的时候，讨论含有"The Big Bang"这种字眼的主题可能会产生不良影响。我们就把这件事情交给心理学家来处理吧。

[2]　如果这是《危险边缘》（即美国IBM公司创办的最受欢迎的智力竞赛节目Jeopardy。——译注），那么问题将会是"什么是'富含纤维的饮食'？"

里了），但如果他（晚来的人）足够聪明，就能够发现所有的人一定是来自同一个地方。通过观察这些胆小的水手划了多远，旁观者甚至可以说出战争发生于多久之前。

正如你所想的那样，这个故事只是一个比喻。假设这些船代表了星系，并且就像在前一章看到的那样，几乎所有的星系都在相互飞离。我们可以做出合理的假设：曾经有一段时间，所有的星系都紧挨在一起，就像海盗船上的救生艇一般。

和大多数广为流传的寓言类似，尽管我们的海盗故事说出了一个关键事实，但它也存在一个明显的错误。你很容易想到这些星系从太空中的一个共同点相互远离，但是实际上并不能这么说。我们只能说：宇宙大爆炸在空间各处同时发生。这很重要，因为几乎所有的人（不只是小比利）都假设大爆炸一定是在某个特定的地方发生的。在第六章中，我们见过相同的事情，随着宇宙膨胀，宇宙空间范围变得越来越大，实际上没有任何星系真正地远离彼此。

我们的故事还忽略了一个细节。宇宙诞生的时候星系并不是已经存在了。相反，一开始只有气体和暗物质。这就好像胆小的水手从大船逃跑时，只带了一些"宜家"零件，然后慢慢建造他们逃生用的小船。建造星系的装备包中的主要工具①是引力。你应该还记得第四章中的内容，所有的物质都会相互吸引（如果你小学没学过的话）。大爆炸后不久，空间中的一些区域比其他地方的物质多了一些，并且如果我们观察比平均密度大一点的团块，就会发现一些有趣的事情。小团块附近的气体和暗物质会被吸引，并且慢慢地变成一个大团块，最终形成我们今天所看到的星系。

但一个基本的问题仍然存在——这些组成我们能看到（或无法看到）的一切东西的原子物质（还有暗物质和暗能量），曾经**基本上**都挤作一团，我们现在必须解释从那时到现在发生了什么。首先，我们从一个无穷小的宇宙开始。你可以解释说小比利就是这么来的——"大爆炸（the big bang）"②。

小比利是个早慧的孩子，他会指出我们其实并没有回答问题。如果大爆炸是宇宙形成的原因，那是什么引起了**大爆炸**呢？我们先抛开小比利考虑一个更基本的问题：我们为何能这么肯定最初有大爆炸呢？当时好像并没有人观察大爆炸。再者说，即使我们能够通过一些很久远的物体来观察过去，但还是没有真正地**看到**大爆炸，所以我们可能拥有的任何证据只是间接得到的，这就是为什么我们要从我们所知道的事情开始说起。

基于膨胀宇宙理论的最佳估计，宇宙大约有138亿岁，并且正如我们在前一章阐述的那样，宇宙空间大部分是空的。然而，其中有着极为广阔的空间，大量**物质**遍布其中——只不过非常稀疏。除了你已经很熟悉的暗物质、暗能量、恒星、尘埃和气体之外，宇宙中还充满了光。哦，当然，宇宙看起来很暗，并且你可能会误以为所有的光都来自像太阳一样有明亮的物体。其实并非如此。星光（包括阳光）对宇宙中光子总数量的贡献是很小的。宇宙中每一个原子就有大约十亿个光子，并且这些光子——或它们中的绝大多数，在宇宙形成的最初就存在了。

尽管有大量的光子飞来飞去，但绝大多数时候我们都意识不到它们的存

---

① 相当于小巧耐用的六角扳手。

② 现在你明白这为什么会让一个孩子害怕，甚至给孩子留下多年的心理阴影了吧？请小心使用科学。

在。因为虽然背景辐射非常多，但它们的能量极低。这其中的原理是，所有热的物体都会发光①，虽然我们用肉眼不一定都能看到。太阳的温度比绝对零度②高出5800摄氏度左右，发出的是可见光。人类在室温下会发出红外线。宇宙只比绝对零度高了大约3度，它会发出微波/无线电波长的光，并且在很长一段时间内，我们都忽视了它的存在。

1964年，正在贝尔实验室工作的阿诺·彭齐亚斯和罗伯特·威尔逊试图改进早期的卫星通信。但是当他们打开机器时，发现受到了干扰，并且收到的信号**"不属于这个世界"**。他们的无线电接收器接收到了一个持续的嘶嘶声，不管往哪个方向测量，这个嘶嘶声都不会消失。他们听到的地球之外的信号正是早期宇宙的微波辐射。

早些年（大约10年前左右）你不用任何特殊的设备就能探测到这种辐射。当大多数电视通过无线电接收信号时，有大约1%的没有信号时的干扰来自这种原始的辐射。如今，既然一切信号都转换为数字了，你就无法再用电视重复彭齐亚斯和威尔逊的实验了。即使可以，也对你没有丝毫好处。他们已经获得诺贝尔奖了。

不管你从天空的哪个地方看，背景辐射的温度几乎是相同的。请注意我们用的几乎是，但并不完全是。如果你从天空的一小片地方看，而不是其他地方，辐射就会显得有点热或有点冷——尽管只有百万分之几度的微小差别。

2001年，美国宇航局发射了威尔金森微波各向异性探测器（WMAP），它的眼睛可以探测宇宙中"热"和"冷"的变化，结果如下图所示。这就像你在地图册中可能见到的地球普通地图的投影一样。但不同的是，这不像你平时站在地球表面朝地上看，你应该想象站在一个球的中间，这张图会向你展示天空是什么样子的。

---

① 没错，没错。我们可以开幼稚的玩笑。这对你有好处。（正文这句话也可以翻译为"性感的肉体亮瞎眼"。——译注）

② 绝对零度是温度的最低值（-273摄氏度或-460华氏度），在这个温度下，原子将彻底停止热运动。

在你面前呈现的是宇宙婴儿时期的图片。或许你认为付钱给孩子画肖像很贵（此处存疑）；但这幅图花了我们5年时间和1亿4千万美元。我们保证宇宙可不像你的孩子，在你不经意之间就长大了，那么这幅宇宙初期图片的关键点在哪里呢？

威尔金森微波各向异性探测器，5年中的结果。 Hinshaw et. al (2009)

看看图上亮点和暗斑。这些斑块代表这个方向的背景区域比平均背景温度热一点或是冷一点。"一点点"指的是十万分之一。这些细节不仅仅是一时兴起。回到宇宙诞生之初，温度的微小差异对应于原子和暗物质密度的微小差异。我们之前谈到过，这些多出来的一点点东西可是萌生星系的种子呢。

我们接着来看研究背景辐射的另一个重要原因。你越往前看，宇宙的尺寸就越小。这意味着一切物质（光子、原子和暗物质）的距离会越来越近，紧密地结合在一起，平均起来看，宇宙的能量会越来越大。当我们逆着时间往回看时，光子的贡献变得尤其重要，因为宇宙越变越小，单个光子的波长也会越变越短。在第六章中，谈到由于宇宙膨胀产生的光的"红移"时，我们见过这种情况。短波长的光意味着每个光子所在的时期越早，能量就越大。在越早的时候不仅辐射密度越高，而且每一个光子的能量也会越大。

这些影响最终的结果是，我们逆着时间看的越久远，宇宙的温度就越高，并且光子对总能量密度的相对贡献就越大。所以，例如当宇宙只有现在的十分之一大时，它的温度在绝对零度之上30度左右。当宇宙只有现在的1%

大时——那是在大爆炸后大约1700万年左右，整个宇宙的温度处在室温。在那之前……我们的故事开始变得有趣了。

 ## 为什么我们无法逆着时间一直看到大爆炸呢？

合成时期（T=380 000年）

在第四章中，我们曾讨论过一些关于原子的知识，并提到最简单的原子——氢原子，由一个质子和一团环绕质子的电子云组成。这也是迄今为止最常见的原子。如今，和早期宇宙一样，氢原子的比例是93%。在室温下，不存在不携带电子的氢原子。但在高温下——比如像在太阳内部或在早期宇宙中，原子会被能量非常高的光子连续撞击。

我们把红胡子船长画成质子的样子。无耻的海盗设想自己盛装打扮，只不过肩膀上少了只鹦鹉。你可以把这只鹦鹉想成一个电子。早期的宇宙就像是在海洋深处发生的一场激战。炮弹（光子）不断在红胡子船长身边呼啸着飞来飞去——**轰隆**，他的鹦鹉被打中了。不过别担心，他们都会好好的。当然了，海盗和鹦鹉在一起就像豆浆和油条的搭配[1]，所以用不了多久，就会有另一只鹦鹉落在红胡子海盗的肩膀上。

与此同时，在战斗中，整个场面充斥着鹦鹉和炮弹到处乱飞的景象。事实上，船本身是很安全的，因为炮弹做出的破坏行为不过是击中一些空中的鹦鹉。但是这一切终将落幕，包括海盗的战斗。炮弹停止飞行，鸟也飞得筋疲力尽，在各人肩膀上停歇——一只鸟一个海盗，因为这是自然规律。

下面谈谈真实的宇宙中的情况。大爆炸后约38万年，宇宙的温度高达3000摄氏度，尺寸大约是现在的1 /1200。我们选择的这个时刻叫作"合成时期"[2]，因为这是一个一切都发生了改变的时刻。

[1] 原文是花生黄油和香蕉的搭配。——译注

[2] 如果你家里不只有一本物理书，或者你想查维基百科来确保我们没有撒谎，那么几乎每个搜索结果都会称这个时刻为"复合时期"。我们认为这个术语不好，由于"复合"意味着这是再次发生的，而不是第一次发生（后者更准确）。

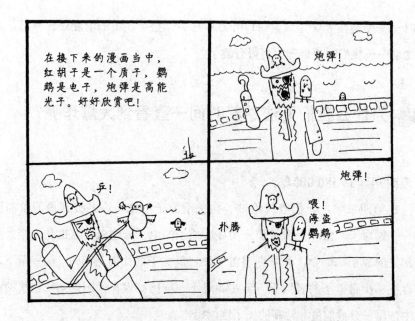

在合成时期到来前，宇宙如此炙热，几乎不存在中性氢原子，只是独立的质子和电子在宇宙中到处飞行，就像我们的炮弹和鹦鹉在乱飞。到处都是组成原子的零件，它们像疯了一样到处乱撞。光子不断碰撞，被吸收又被重新发射。因为这些碰撞的存在，光没跑出去多远就会改变传播方向。即使你在大爆炸后35万年期间都活着（举例而已），也无法看到很远的地方，因为只有光从一个地方直线传播到你的眼睛中时，你才能看到那里[①]。

在合成时期之后，宇宙冷却到一定程度，这时光子不再能把电子与质子分开了，于是普通的中性氢原子可以很快形成。突然每一个角落都充满了电中性的物体，没有什么东西会再跟光子碰撞了。光子**喜欢**带电粒子，但对中性粒子可不怎么感冒。于是，光子会永远在空旷的宇宙中飞奔（如果它们幸运的话），它们中极少数可能会在138亿年后，被地球或是Tentaculus VII星球上的无线电接收器拦截。

既然我们"看"不到合成时期之前的事情，所有对早期宇宙的了解就需要从剩余辐射来推断，以及从现在周围的恒星、星系和星团所观察到的情况

---

① 并会被无比凄惨地烧死。

进行推断。结果证明，如果我们对这些观察结果加上一点物理推理的话，就可以很好地把它们拼凑在一起。

难道宇宙中不应该存在（一半的）反物质吗？

人们常说，一知半解是危险的，但在现在这种情况下，你恰好拥有足够的知识储备。在提醒你两个重要的事实之后，我们会利用这两个见鬼的事实[①]来描述早期宇宙中发生的事情。顺便提醒一下：

1. $E=mc^2$。

2. 如果你让一个粒子撞上它的反粒子，它们俩都会被摧毁，并转化为一对高能光子。这会产生多少能量呢？看看上边的公式1。

如果一个电子和正电子（或任何粒子和它的反粒子）可以互相碰撞并产生光，那么这个过程也可以反过来：光子相互碰撞会产生一个正电子和一个电子。或者，这个碰撞可以形成一个质子和一个反质子。然而，这里有一个

————————

[①] 当你将《宇宙使用指南》作为用来向子女解释生命事实的一本扩展读物时，可能会想要删除一些粗俗的语言。

注意事项。

只有当光子的能量足够高时，这些粒子才会产生。虽然需要大量的能量才能形成电子，但要产生质子或中子以及它们的反粒子则需要更多的能量——因为这些粒子的质量更大。

但请稍等！如果你留心的话，会发现宇宙空间充斥着高能光子，光子的能量足以形成重粒子。到处都是这样的重粒子。在早期宇宙中，重粒子和反粒子不断地从碰撞中形成：夸克（反夸克），μ子（反μ子），电子（正电子）；要啥有啥。但随着时间的推移，反应不断地进行，光子变得没那么能量满满了，这意味着我们得到的粒子和反粒子越来越少，直到它们再也不能产生别的粒子——直到今天差不多仍是这个情况。

沿着时间顺序定量地说，当宇宙形成后大约百万分之一秒时，它已经冷却到了大约10万亿摄氏度。这还是相当热的；远远比恒星中心的温度要高。即使处在这样巨大的能量之中，光子也已经无法产生质子和反质子或中子和反中子了。然而，两个互相碰撞的光子仍然有足够的能量产生很多其他粒子，包括电子和正电子，直到大爆炸后约5秒它们才不再产生。

宇宙多么令人惊叹啊！就物质的产生而言，宇宙在诞生的5秒之内就出色地完工了。当我们都在为自己喝彩或是感动时，宇宙已经制造出了我们所需要的所有物质。

还有一点很微妙，也很重要。当光子碰撞时产生粒子和反粒子，而粒子和反粒子会完全湮灭并产生光子。到目前为止，正如我们所看到的，从来没有一个相互作用能够在没有反粒子参与的情况下产生或破坏一个粒子。其结果是我们永远不能单独生成一个质子却没有生成一个反质子，或者生成一个电子没有生成一个正电子。基于这一观点，在宇宙中应该**一直**有相同数量的物质和反物质。

如果你没有看到这里存在的问题，我们愿意听你解释一下世界为什么完全由物质组成。这不仅仅局限于地球。如果月球不是由普通物质形成的，那么当可怜的尼尔·阿姆斯特朗乘坐"飞鹰号"着陆舱接触月球表面时就已经离开人世。太阳是由普通物质形成的，我们星系中的其他恒星也是如此。如果这些恒星不是由普通物质形成，那么射向地球的宇宙射线会有很多反质子，但是其中并没有反质子。

难道不存在由反物质构成的星系吗？也许有。然而星系之间并没有频繁发生相互碰撞。如果一个由物质构成的星系撞上一个由反物质构成的星系，那么我们会看到一场从未见过的、能量极为可观的爆炸。总之我们的宇宙看起来是由物质构成的。如果物质和反物质总是以相同的数量产生和毁灭，我们现在会有这么多额外的物质吗？

首先我们要坦白。我们确实不知道为什么会有这种不平衡，但不管过程是什么样的，这应该发生在大爆炸之后很短的一段时间内，此时的能量是极其高的。虽然我们不能解释**为什么**正反物质会不对称，但我们**能够**解释这个不对称性有多大。在很早的时候，在宇宙中大约每10亿个反质子就有10亿零**一个**质子，以及差不多数量的光子数。当宇宙冷却之后，质子不会再生成，10亿的反质子伴随着10亿个质子湮灭，每10亿个光子只留下了一个，这就是我们今天看到的比例。

现在和过去有什么不同？为什么那时中子可以变成质子，但是我们却不能在不产生反质子或是反中子的情况下做到这点？为什么过去不是这样的[①]？

亨利·比米斯，一个简单的质子，现在只是破碎景象的一部分，只是早期宇宙的一个片段——在《暮光之城》中。（存有疑义）

这是一直以来我需要的……

所有的质子和反质子都没有了……

[①] 爷爷，我们知道，逝去的时光都是最好的时光。

原子是从哪里来的？

元素的产生（T = 1秒到3分钟）

我们已经离小比利起初的问题"我是从哪里来的"[1]还很远，但是现在我们能够给出一个更好的答案。首先要告诉小比利，他是由什么组成的。正如你所知道的，小男孩由"青蛙、蜗牛和小狗的尾巴"[2]组成，它们又是由氢、氧、碳和其他原子组成的。

总之，这种日常的物质被称为"重子物质"，这个酷炫的术语包括一切由质子和中子组成的物质。当我们用质量百分比从高到低排列它们时，就会看到一些老朋友：

1. 氢（75%）：1个质子

2. 氦（23%）：2个质子，2个中子

3. 氧（1%）：8个质子，8个中子

4. 碳（0.5%）：6个质子，6个中子

5. 氖（0.13%）：10个质子，10个中子

你不需要记住这个列表，但是这里有很明显的规律。除了氢，所有最常见元素的中子数和质子数相同。甚至还有氢的另一种的形式，氘，它有1个质子和1个中子，尽管它的数量只有大约普通氢原子数量的十万分之一，但对整个故事却十分重要。

如果说我们对自己的工作能够胜任，那就是我们所能做的不仅是调查宇宙中有些什么。我们可以解释这些数字的来历，因此需要将时钟的指针拨回到大爆炸发生后的一秒。到目前为止，我们拨动时钟的幅度远远大于作者所

---

[1] 面对询问，物理学家很擅长避开尴尬的问题。

[2] 19世纪的英国童谣唱道："小男孩是什么做的？青蛙、蜗牛和小狗的尾巴。"所以作者是在讲冷笑话。——译注

能集中注意力的时间，但越往后，我们拨动时钟的幅度会越来越短（必须如此）。不妨这样想吧：从宇宙诞生的第1秒到第10秒内发生的重要物理现象的总数，就像从10亿岁到100亿岁之间发生的总数一样多。

在宇宙诞生的第一秒内，它的温度是150亿摄氏度，大约是太阳中心温度的1000倍。尽管如此，在这个时候光子已经太冷了，以至于它们不能形成质子或中子——即使它们自己想要形成。但就像红胡子海盗和那些与他作战的骁勇善战的海军军官一样，我们认为质子和中子也没有很大的不同。把一个质子变成一个中子非常简单，只要用反中微子撞击它就行了，同时还免费奉送一个正电子。只要你喜欢，我们也可以反过来。将一个中微子和一个中子结合起来，瞧！我们再给你一个质子和一个电子就可以保证电荷守恒。

这一招比听起来要容易得多，因为正常情况下如果我把一个中微子扔向一个质子、一个中子、红胡子，甚至一光年厚的铅块，最有可能的结果恰恰是什么都不会发生。如果不是迫不得已，中微子**真的**不喜欢与其他的粒子相互作用，并且无论何时它们发生作用，借助的都是弱核力。正如任何语言学家都会告诉你的，弱核力是微弱的。

然而，在大爆炸发生之后的一秒内，物质是那么密集，中微子的能量是那么充足，中微子和反中微子不断轰击质子和中子，令它们转化成彼此，大致上处于平衡。"大致上"是关键词，因为质子比中子轻，并且因为大自然更愿意保持尽可能低的能量，所以质子要比中子的数量多一点。

大爆炸发生一秒之后，粒子之间的距离变得非常大，中微子的能量变得很低，无法再对质子和中子起什么作用了。于是，中微子就开开心心地走自己的路，再也没有它们的消息。但是可别误会：中微子就像来自合成时期之后的光子，仍在我们中间飞来飞去，只不过我们往往会忽略它们。这是一件羞愧的事情，因为在宇宙早期，它们维持了中子和质子的平衡，这件事很重要。在中微子退休之后，质子、中子和光子融入到了复杂的聚变和裂变中来，其中：

1. 中子和质子以及氚猛烈撞击，可能形成越来越重的元素。

2. 另一方面，高能量光子使原子核裂变。

3. 所有单个的中子过一段时间之后就挂了[①]，衰变成质子。

同时，宇宙的物质变得越来越稀疏，温度也越来越低，所有这一切都在与时间赛跑。当裂变和聚变开始时，我们有几乎数量相同的质子和中子，因此如果形成原子的速度很快，那么所有的中子都会跟质子配对，形成的最常见的元素会是氦。氦是最简单的一种含有中子的原子，它包含的质子和中子数量相同，并且非常非常稳定。你早就知道整个"平衡"的重要性了，对吧？

幸运的是，质子和中子**并没有**维持住平衡，因为那会是一个乏善可陈的宇宙。为什么呢？请试着用氦原子造点儿东西出来吧。祝你好运，伙计。

破坏一下兴致，除了氦之外，我们还从大爆炸中得到了别的东西。主要的原因是整个过程持续了几分钟，在这期间许多中子觉得它们变成质子会更好，于是头也不回地衰变了。我们没有足够的中子可以与质子结合，剩下的质子不得不落单了。这就是为什么今天我们有那么多的氢原子。

我们刚才断定，每10亿个光子当中只有一个重子产生。我们终于准备证明这个论断了。我们可以**非常**精确地测量光子的数目，因为只要从所有来自宇宙背景辐射的能量推算就可以了。另一方面，重子数则比较难得到。我们需要从通过观察氦的形成过程开始。元素不能立刻形成，只能一步步地来。这意味着为了形成氦，开始时我们需要通过向中子添加一个质子，得到氢的块头大一些的兄弟氘。这些氘原子（当不携带电子时被称为"氘核"）可以与质子、中子，或其他志同道合的氘核相融合。这个过程一直进行着，直到所有东西都冷却下来，质子和中子被锁进了一种稳定的元素中。

如果我们决定建造一个和我们的几乎完全一样的宇宙，但开始的时候

---

① 某些中子就像真正的单身汉，累了，挫败了，喝光了酒罐里温暖的啤酒，最终只穿着袜子和裤衩死去。

重子物质多了一倍会怎么样呢？在最初的几分钟里，试管中的宇宙会比我们现在的更加拥挤。氘会非常快地制造出来，然后频繁地与质子和其他氘核结合，于是便从反应的方程式中剔除了出去。顺着这个逻辑到最后，一开始的重子更多意味着相比我们的真实宇宙，这个宇宙中的氘（占的比例）更少，而氦更多。

微微调整初始条件，宇宙的化学组成就会非常不同。于是，通过测算我们有多少氘，基本上可以把宇宙中所有的重子数清，**而且**还能精确估计其他元素的含量。所以我们要做的是测出氘占到多大的比例，据此可以计算出有多少的重子物质。如果去观察最古老的恒星，并且测量氘在氢中的比例，可以知道每10万个氢原子中有一个氘原子。

假设我们拿出已经做了完整计算的那张纸，我们得到了普通物质中 Ω_B 的值（非暗物质）约为5%。这个数字看起来是不是很熟悉，这是因为它与我们计算恒星和气体的总质量时得到的结果一致。

太令人吃惊了！我们不但一口气搞定了元素形成的模型（如果不能说正确的话，至少也相当准确），还验证了我们直接测量星系质量时得到的结果。我们了解了大爆炸后一秒钟内发生了什么以及宇宙中有多少普通物质。模型甚至也稍稍取决于（但是也是可测量的）一些令人惊讶的事实，比如有多少种不同的中微子存在。中微子有三种，这些测量结果确认了这一点。我们可以从相同的模型中准确地预测例如氦3和锂等微量元素的数量，这两种微量元素的数量的观测值和模型的预测值一致。

但我们不要说过头。如果大爆炸中只有氢、氦、氘和其他一些轻元素诞生，那么其他的元素从何而来呢？碳和氧从哪里来的？组成生命的物质又从哪里来的？毕竟，小比利肯定**无法**由大爆炸中产生的物质组成。所有更重的元素（碳、氧、金等）都在恒星中产生。当质量最大的恒星发生超新星式的爆炸时（就像在第六章讨论的），这些重元素会散落到宇宙——最终产生了你、我、海盗们和小比利。

粒子是如何获得它们的质量的？

夸克的黄金时代（10^{-12}秒到10^{-6}秒）

我们越是逆着时间往回看就越能发现一个普遍趋势。宇宙变得越来越热，粒子变得越来越富有能量，这通常意味着它们的速度越来越快。在大部分情况下，一个时刻到另一个时刻的过渡是相对平稳的，但有时这种变化也是极其急促的。

举一个例子，我们一起来讨论一下当宇宙大爆炸后大约10^{-12}秒之内发生了什么。在这之前，宇宙的温度高得如此令人难以置信，以至于在第四章提到的希格斯粒子处于现如今的粒子状态。结果是在这一刻之前（如果10^{-12}秒可称作一个时刻），粒子都没有质量。对于一些粒子，如电子和中微子，获取质量并没有多大影响，因为它们现在还是很苗条。即使在希格斯粒子出现后，它们当时仍然以接近光速的速度在宇宙中运动。

但对于其他的粒子，像W和Z粒子（弱作用力的载体），对它们来说质量增加是一件大事。在宇宙的年龄大约为10^{-12}秒之前，W、Z粒子和光子之间没有什么实际的区别。这正好意味着在电磁力（光子）和弱核力（W和Z粒子）之间没有什么不同，并且这两种力被组合成一种"弱电"力。

是什么东西发生了改变？"有质量"和"没有质量"之间有很大的区别，而且改变不是逐渐发生的。在第六章中我们提到真空并不像你认为的那样空。它充满能量，并一直有粒子产生和毁灭。正是这种"真空能量"造成卡西米尔效应，或许甚至导致今天宇宙的加速膨胀。真空也是粒子们相互作用发生的场所。在大约10^{-12}秒的时候，**真空**从高能量状态变到了相对较低的能量状态，这也是为什么物理规律看起来发生了改变。这就是希格斯粒子如何授予粒子质量，W、Z粒子如何获得质量的原因。当真空从一个能量状态下降到另一个能量状态，我们十分喜爱的一些对称性就消失了，于是弱核力和电磁力也分开了。

这种分裂是宇宙演化过程中一个普遍的主题。现在大自然中有四种不同的作用力，这看起来有点混乱。在第四章中我们提到，物理学的一个很大的心愿是希望有一个万有理论能让四种力被一条法则所解释。爱因斯坦花费他职业生涯后半段的绝大部分时间试图"统一"当时已经知道的基本力（当时只有引力和电磁力），但他也没有成功。

虽然我们有一个很好的理论，可以将电磁力和弱相互作用结合在一起，但我们还是缺乏一个坚实的能将弱电力与强核力结合起来的基础。我们不知道"大统一理论"是什么样的，但我们假设这三种力量会在一种更高能量下统一起来，这些能量比大爆炸后10^{-12}秒内的能量还要高。甚至在宇宙更早的时期，人们希望这种万能理论能将四种力都结合起来。

但请不要操之过急。目前我们只能问在电磁力和弱核力分手的那段时间之内宇宙是怎么样的[①]。为了回答这个问题，我们需要澄清一个被忽略的问题。之前已经提到了一个想法，那就是宇宙中存在不对称性，并且在某个时刻，每十亿个反质子便有十亿零一个质子。

这件事并没有真的发生。

质子和中子从来不会大量产生。当宇宙年龄为10^{-12}秒时，情况与现在完全不同。当时夸克的能量是如此之大，它们甚至无法待在质子和中子里面。它一直保持这样的自由，直到宇宙形成约一百万分之一秒后，那时宇宙已经冷却到永远不会在中子或质子外再发现夸克了。

所有这一切都说明在某种程度上我们一直担心的是一个错误的问题。重点不应该是为什么每十亿个反质子便有一个额外的质子，而是应该关注为什么每十亿个反夸克便有一个额外的夸克。用这种方式，我们可以继续将小比利的起源问题越推越早。

---

① 你可以脑洞很大地认为希格斯玻色子就是早期宇宙的小野洋子。（小野洋子导致约翰·列侬与之前的女友分手。——译注）

在时空中的某个地方会有一个一模一样的你吗？

暴胀（$T = 10^{-35}$秒）

在夸克之前的时代是激动人心的，也是难以想象的混乱。宇宙的温度是如此之高，以至于高能光子很容易产生夸克、电子和中微子。我们没有必要去担心这时什么粒子在干什么。所有粒子的产生和消失都是非常快的，它们本质上都一样。虽然宇宙的原始场是非常均匀的，其中似乎没啥值得说的事情，但我们仍然有一些早期之谜值得考虑。

谜团一："视界"问题

对于大部分的地方而言，宇宙背景辐射的温度是相同的。在天空中这一侧和另一侧的两个不同点之间可能只差了十万分之一度。这也许看起来并不是什么大事情，但或许打一个精彩的比喻会让问题显得更加清晰。想象一下海盗船长打算泡个澡，他打开两边不同的水龙头放水将桶填满。当右侧的水龙头放水时，向木桶注入冷水，但左侧的水龙头放的水是滚烫的。你觉得当船长进入木桶洗澡时会觉得自己很舒服么？不不不，他的头会烫的受不了，而脚会冻僵。水并不能瞬间达到平衡。

我们所做的关于温度的计算都是基于一个简单的命题：当宇宙的尺寸是现在的一半时，它的温度是现在的两倍，以此类推，等等。但是那意味着一开始所有地方的温度都是相同的。就像红胡子船长洗澡一样，如果开始时每个地方的温度不一样，就需要一定时间来混合。能够把热从一个地方传递到另一个地方的最大的速度是光速，但宇宙却没有足够的时间。

"但等等！"你可能会反对，"宇宙已经存在近140亿年了！这么长的时间足够让一切都混在一起了。"这确实没错，但你忘了一件事。照在北极的光和照在南极的光来自宇宙中相隔很远的地方。

我们甚至可以预测你接下来会反对什么："在宇宙大爆炸的第一个瞬间，

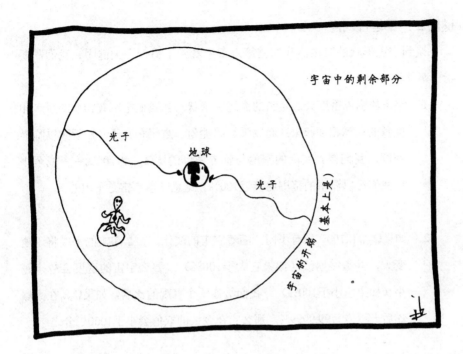

所有的点彼此都**非常**接近。所以这两个点在那时已经混合过了[①]?"

这是不错的尝试，但可惜不对。虽然事实上它们确实很近，但宇宙当时非常、非常年轻。年轻胜过了距离近。很容易想象你直接的反应就是假定"开始"时到处都是一样的温度，但这仅仅是因为你习惯认为一件事发生之前必然还存在别的事。大爆炸是最初的开端，所以我们没有理由认为开始时一切都是均匀的，你一定认为宇宙是从一个小球开始膨胀的。就像我们在前一章里看到的，宇宙的膨胀根本不是那样的。在零时刻后的任何时刻，宇宙中的点都是彼此相隔一定距离的。

定量地说，只要空中的点彼此分开约一度大小的角度——大约是满月的尺寸的两倍，就会有充分时间进行混合。既然宇宙中的大部分都不与其他部分相联系，为什么不管我们从哪个地方看，宇宙中的一切看起来多多少少都相同呢？为什么北天球的星系和南天球的会相同呢？

---

① 好家伙，你什么时候变得这么聪明？注意，我们可不是在讽刺你哦。

谜团二：平坦性问题

谈到宇宙形状的时候，我们在第六章中看到了另一个大谜团。我们需要指出两件事：

1. 宇宙的临界密度会决定它的命运和形状。当我们把所有物质的质量和能量的贡献相加起来：暗物质、暗能量、重子和光子，然后除以临界密度，我们得到实际的密度与临界密度的比Ω_{TOT}为100%——或至少在我们可以测量的范围内接近100%。这意味着宇宙是平坦的。

2. 如果Ω_{TOT}和100%稍有不同，随着宇宙的演化，要么宇宙的密度将迅速变大，并最终崩溃（如果它大于100%），要么宇宙的密度会越来越小（如果它小于100%）。我们给你一个直观的比喻，如果Ω_{TOT}在大爆炸后一秒内为99.9999%，那么它在今天的取值会小于1000亿分之一。

我们现在遇到了第二个谜团：为什么宇宙是平坦的呢？而根据我们所知，它当初并不一定平坦。

解决方案：暴胀

早在20世纪80年代，许多研究人员在试图解决这个问题的同时，也在研究如何统一强核力和弱电力。人们希望能量越高，这些作用力看起来就越相似。虽然我们在地球上使用加速器达到的能量几乎足以验证弱电统一，却仍然不能测试任何关于强核力和弱电力统一的实验。即使是我们可控的最强大的加速器——大型强子对撞机，能量也要提升**数万亿倍**才能达到验证大统一理论的需要。

尽管我们可以推断，在大爆炸大约10^{-35}秒之后[1]，宇宙中的能量非常高，三种非引力的作用力很可能是统一的，甚至真空的能量状态比弱电力统一时期还要高。我们所讨论的温度非常高，大概有10^{27}摄氏度左右。因为我们

---

[1] 想想看，在如此短的时间内，即使光传播的距离也只有原子核直径的万亿分之一。

缺乏大统一理论的模型，所以在细节方面有一点模糊，但就像弱电时期结束时那样，这个时期结束时发生了奇怪的事情。

1981年，斯坦福大学的阿兰·古斯提出这个"奇怪的事情"是"宇宙暴胀"，乍一听会觉得很荒谬。在强核力和与之结合的弱电力脱离后不久，暴胀的模型认为宇宙经历了一段指数膨胀的时期——宇宙的尺寸在极短的时间内膨胀了大约10^{40}倍。

这是膨胀的基本景象，但要解释清楚**为什么**我们认为这是早期宇宙的一个可行模型是另外一回事。你可能会认为，指数增长似乎完全不现实。请不要这样认为。回忆一下，甚至在我们说话时宇宙正开始经历着指数膨胀。这源于你已经知道的一个小东西，被称为"暗能量"

你也可能会担心，如此快速的膨胀违反了狭义相对论，因为没有什么东西比光速还快。但是请你不要担心，我们只是关心**信息是不是**传播得比光速快。只要空间愿意，它想怎么膨胀就怎么膨胀。

想象一下红胡子船长和他的船员，他们试图用不义之财在购物中心血拼一把。红胡子知道，通常他跑不过大副温克斯先生，但他发现，如果在自动扶梯上跑的话，他看起来像在飞一样，速度会比温克斯先生快得多。想象一下，当温克斯先生也乘着自动扶梯并且很轻松超过他的时候，红胡子船长会有多吃惊。

在膨胀的宇宙中也是如此。粒子似乎移动得比光还快，但那只是因为宇宙也在膨胀。如果你是早期宇宙的一个亚原子粒子，**仍然**不能比光更快。这个事实在宇宙暴胀时期和其他时期都是一样的。

一个更大的问题也许就是起初为什么会发生这种暴胀。一个想法认为，当强核力和其他作用力退耦时，宇宙发生了所谓的"相变"。你可以认为这是一种突然的转变，类似于当你把冰放到零摄氏度以上的环境后它就融化了一样。这与电磁力和弱核力退耦时所发生的变化很像。

这个想法是说，在暴胀（inflaton）期间，宇宙充满了暴胀场（inflaton

field）[①]。这个场在很多方面类似于如今控制粒子质量，并且将电磁力和弱核力联系起来的希格斯场。因为暴胀子的膨胀行为类似于暗能量，它的许多性质也跟暗能量相似。其中最重要的性质之一就是当暴胀场膨胀的时候能量密度不会减少，这跟暗能量一样。能量密度在方程中是一个很重要的部分，因为我们已经看到，在一般情况下，一次巨大的膨胀意味着宇宙应该会快速冷却，并且宇宙中的一切都应该立即冻结。但暴胀场就像一块巨大的电池，一旦暴胀结束，所有的能量就被释放出来，宇宙得以再充电。一切变得温暖又美丽，好像从来没有冷却过一样。

你有自己的担心是对的。然而我们向你保证，如果不是需要解释宇宙中观测的谜团，我们也不会引入暴胀。还记得视界问题吗？在这个问题当中，我们不能理解天空中的不同部分的温度为什么差不多，而暴胀很简单地解决了这个问题。虽然在暴胀之前所拥有的时间很短，可宇宙中的一块区域仍来得及形成的统一温度。然后这一小块区域膨胀为庞然大物，它包含整个可见宇宙的体积。

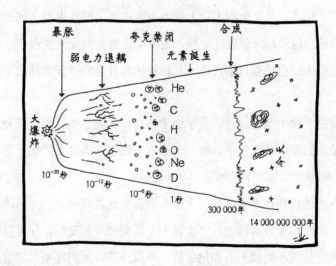

暴胀也解释了平坦性问题。这个解释会更加直观。想象一下我们把一个

___

① 不，这不是一个拼写错误。就像所有我们见过的其他粒子：电子（electr*on*），光子（phot*on*），暴胀子（inflat*on*）。

气球吹大。假设气球是一个"真的"球体，对于坐在气球上的一只蚂蚁、一个人或是一个星系来说，气球表面看起来就是平的。换句话说，也许我们的宇宙并不是严格地平坦的，但就算这样，也应该十分接近平坦。

这是否意味着宇宙中的物质是无穷多的呢？毕竟我们认为一个平坦的宇宙就是无穷的。因为每一个地方物质的数量是确定的；无穷的空间，很自然就意味着总体上看来似乎有无穷多的物质。

人们对此有所担心是因为当开始引入例如无穷大的概念时，头脑中会涌入这样的想法，"如果有无穷的空间，也有无穷的物质，那么在宇宙的某个地方，就会有另一个我……"然后，他们觉得自己不特别了。

在我们的心中，你**非常**特别——即使宇宙不这么认为。

我们一直提到**那个**暴胀的时期［尽管只有一个，但事实（至少根据模型）是宇宙可能已经有很多的分支了］也许是无穷多个分支。每一小块空间都在暴胀，并且新的空间的形成要快过小块区域暴胀的结束。换句话说，宇宙的数目可能无限地增长。阿兰·古斯称此为"终极免费午餐"。

为了把事情弄清楚，我们需要区分我们的宇宙［你所看到和保持直接联系的那个宇宙（现在或可预见的将来）］和"多重宇宙"。多重宇宙（这是很多用来描述相同的基本意思的术语中的一个）就是我们设想的那个大写的宇宙（有一个大写字母"U"）的宇宙，它可能是由许多不同的宇宙组成，表现的形态也许是在时间上接踵而至，抑或被空间分隔开来，也可能根本不允许与另一个宇宙直接相互作用。

可别把这些不同的宇宙与我们在第二章和第五章看到的关于量子力学的"多世界"的解释弄混。多重宇宙中的宇宙是通常的旧式宇宙，可能和我们所处的宇宙非常的相似（也可能不像），只不过我们无法跟它们接触罢了。

我们假设在多重宇宙中有无穷多的宇宙。量子力学告诉我们，即使每一个确定的宇宙是有限大的，每一个宇宙可以设置的属性数目也是确定的（尽管这是一个非常庞大的数字）。这意味着在多重宇宙的某个地方，可能有一个与你完全相同的人。他或她就像你一样正在很平常地读这句话，感觉自己很渺小。这让人感觉很渺小，也有些令人毛骨悚然。就像有无穷多个人在跟踪你。再者，如果宇宙真是无穷多的，那么甚至是我们的整个宇宙都会在某个地方被复制。

作为暴胀的一个分支，我们的宇宙是无穷的吗？不一定。暴胀实际上并没有使我们的宇宙变得平坦，只是让它变得不可思议的巨大，让你感到十分平坦。这也意味着从定量地说没有无穷多的物质，因此也没有一模一样的你——至少在我们的宇宙中是这样的。明白了吗？就像我们告诉你的一样，你是特别的。

当然，因为我们**确实**不知道引力和物质在大爆炸发生后极短的时间内是如何作用的，所有这一切都只是有根据的推测。

为什么会有物质？

也许最重要的是，暴胀或许可以解释为什么我们的宇宙中每十亿对正反物质中就有一个额外的重子——还有为什么在宇宙中到处都有物质。但首先我们需要科普一点物质和反物质的内容。

我们之前提到的，粒子和反粒子是彼此的邪恶双胞胎。如果有人在深夜用反夸克更换所有的夸克，用所有的反电子更换所有的电子，用所有的反中微子更换中微子，等等诸如此类，你会有所察觉吗？物理学家将这种情况中蕴含的对称性叫作电荷对称或"C"对称。根据目前我们已经告诉你的，一切都是完全相同的。

到目前为止，我们还没有以任何方式谈及我们宇宙中的C对称是怎样被破坏的，但这肯定是存在的，很明显一切都是由物质组成的而不是反物质。粒子和反粒子之间有着微小的差别。事实证明，中微子和反中微子并不是完全一样的。它们的自旋都像一个小陀螺，但在实验中，如果一个中微子在朝你运动，中微子看起来是顺时针旋转的，而反中微子似乎是逆时针旋转的。

这似乎是微不足道的，但事实上，这意味着将所有的粒子转换为反粒子会改变系统的特征。然而，如果我们不仅将粒子变为反粒子，而且将左旋变为右旋，我们可以把一切又变回来。这就是众所周知的宇称对称性，或"P"对称性。这种对称性的变换将可以使顺时针变为逆时针，反之亦然。

现在有一个大问题：如果我们对一个系统分别进行C和P的变换，它的物理特征会发生变化吗[①]？如果是这样的话，那么宇宙将不能区分物质和反物质，我们也无从得知为什么其中一种在我们的宇宙中会过量。

我们再次用加速器实验来说明问题。在高能量状态下，被称为K介子的粒子连同它们的反粒子被制造了出来。在大多数情况下，这些K介子和反K介子的表现是相同的，甚至当它们衰变时也会产生非常类似的物质。然而在大约一千个案例中，会有一对K介子与反K介子产生出不同的衰变产物。尽管这个结果很不起眼，但事实上它证明了宇宙确实能区分物质和反物质。

人们有一个想法，在大统一时期结束的时候，能量高到足以生成一种假定的粒子称为"X玻色子"。X玻色子巨大的并能迅速衰变成其他粒子，其中包括夸克和反夸克——但数量不等。一方面，反X玻色子表现方式是完全相反的，并且平均说来这两种表现应该会相互抵消。另一方面，如果事实证明X玻色子的表现与K介子类似——反粒子并不是普通粒子的镜像，我们就会得到一些额外的夸克，最后得到一些额外的重子。

所以如果你要告诉小比利，他（和宇宙中所有的物质）最终来自哪里，你应该告诉他，我们都来自宇宙最初的10^{-35}秒内的CP对称性破坏。

 ## 在时间的开端发生了什么？

时间的起点，恩，凑合着这么说吧（T = 10^{-43}秒）

---

① 我们现在在费米实验室，在这里我们用福杰仕速溶咖啡的晶体偷偷更换了所有的中微子。来看看有没有人能发现什么变化。

　　我们越往前看，宇宙就越热，事情变得更加需要猜测。例如我们不知道许多关于大统一时期的事情，但因为我们知道所有的非引力作用力是如何工作的，并且对这三种力有一个相似的理论，科学家们至少愿意猜测大统一理论可能是怎样的。

　　另一方面，我们甚至不能确定自己试图将引力与其他的力，或是量子力学结合起来时，是否走上了正途。这两个理论在某个会自动冒出黑洞的时间尺度上打得不可开交——冒出的黑洞比宇宙的视界范围还要大。听起来很荒谬吗？的确如此。我们讨论的时间尺度大约是10^{-43}秒——这是小数点后42位。这个奇幻的数字被称为普朗克时间，关于它的特点我们几乎一无所知。当我们把所有的物理学常数扔进来，来研究引力和量子力学会在什么样的尺度上相遇时，这个数字就从方程中跳了出来。

　　就像我们在第四章介绍的，将引力和量子力学结合起来是物理学中超越标准模型的一个核心问题。弦论或是圈量子引力结合的方法可能有效地统一理论，但关于这点我们却无从得知。比如说，如果圈量子引力理论是正确的，那么不仅有可以测量的最短距离，还有可以测量的最短时间。就像一部电影一直在持续地放映着，直到你注意到它被分解成24帧/秒，可能我们的宇宙也会突然变成一帧一帧的画面。

　　即使在普朗克尺度上时空没有任何奇怪的地方，它们看上去仍然很混乱。1955年，约翰·惠勒意识到如果粒子在真空中不断地产生、湮灭，那么它们必将产生引力场。结果比普朗克长度小的尺度，甚至是空的空间都会被极度地扭曲变形。他称此为"量子泡沫"，如果这是真的（当然，人们从未见过），那么任何存在的东西都可能会有一个最小的尺寸。

　　现在我们先忽视这一切，做一些幼稚的事情。我们假定自己**可以**倒转时间到很久很久以前，并假装常规的广义相对论没有被推翻。正如我们意识到空间自身是可以折叠的，同时体积是有限的，时间也可以这样做。换句话说，广义相对论认为，在大爆炸之前没有任何时间的存在。大爆炸就是宇宙的创生，其中包括了时间的创生。这很像你试图找到的一个答案，"南极的南边是什么？"

这让人有点困惑，即使我们可以毫不费劲地说出空间膨胀的结构，也可以说出物质能够无中生有地产生，但在这两种情况中，我们都是从**某种事物**开始的。即使在暴胀期间，有很多因素造成了宇宙尺寸的增加，我们仍然得从一小块有延展性的空间区域开始。产生粒子之前，我们先是从能量开始的。因此，当讨论大爆炸的奇点时，把宇宙想像成一个非常小、非常密集的小球发生爆炸是很诱人的。问题是这个场景与我们掌握的物理原理是相矛盾的。尽管如此，我们并没有掌握关于宇宙是如何从一个无穷小点创生的模型。

真的，我们无法解释之前发生的事情，所以请你别问了。我们的意思是，我们不知道。

好吧，如果你坚持要问的话，我们可能会提出一些猜想。

 ## 在开端之前是怎么样的？

再重复一遍：广义相对论意味着，简单说来在大爆炸之前什么都没有。对于小比利来说，时间根本不存在。然而我们有一些回旋的余地。因为我们不知道普朗克时间之前都发生了什么，那么我们肯定不知道大爆炸之前发生了什么。不管怎样，我们还是有两种可能性：

1. 宇宙有某种形式的开端，在这种情况下，我们遗留下了一个待解决的问题，那就是起初是什么**导致了**宇宙的诞生。
2. 宇宙永远地存在着，在这种情况下，历史几乎是无穷无尽的，前有古人，后有来者。

这些猜测都不令人满意，每一种可能都造成了问题，甚至连宗教都很难理解。想想《旧约》的开头，"起初……"。我们会理解是上帝创造了世界。在这个宇宙中（我们的宇宙）有一个明确的开端。然而上帝自己被认为是永恒的。在创造我们的宇宙之前，他又在做什么呢？

有时间之前的生活真的很无聊。

再也没有什么说法比宇宙用某种方式创造了自己更令人满意的了。我们需要想出一个合理的模型来解释是什么使得最初的宇宙诞生。1982年，塔夫斯大学的亚历克斯·维连金提出了一个聪明的作弊观点（如果你喜欢的话，可以称为理论），他展示了我们如何用从量子力学学到的东西来阐释多重宇宙的形成。

维连金首先指出，如果我们最开始拥有某个气泡宇宙，那么会发生两件事情。如果宇宙足够大，它的真空能量会使它膨胀并发生暴胀。如果宇宙很小，它会坍缩。但我们从第二章中海德先生那里学到了一些重要的东西。一旦你使用了量子力学，没有什么事会按你期望的方式发生。还记得海德"随机"地从地上隧穿出来吗？同样，一个小型宇宙也可以随机地隧穿成一个大型宇宙。维连金模型中令人吃惊的是，即使你让"小"宇宙可以随意地小下去，隧穿这事仍然可能会发生——就算这个小宇宙没有大小。你知道我们如何称呼没有大小的东西吗？没东西。

在大爆炸之前，宇宙的状态是尺寸为零（没开玩笑），因此，本质上来说时间是没有定义的。宇宙从虚无中隧穿而出开始膨胀，分支形成了我们看到的多重宇宙。问题是宇宙从"没东西"生成并不意味着**真的**没东西。它必须在某种程度上知道量子力学，所以我们一直被灌输一种思想，即物理定律是宇宙的一种属性。而认为物理定律存在于宇宙生成之前，或是时间存在于物质之前真是件头疼的事情。

当然，这些细节是关于宇宙确切起源的基本问题。在某种程度上，所有的复杂性都是无中生有的，这很难自圆其说。

另一种可能性看起来同样地令人困惑。多重宇宙可能从字面上将永恒的——或者至少具有无穷的历史。我们不打算在这里得到任何进一步的哲学或神学的含义。然而我们**可以**问问无穷的宇宙可能是怎么回事。

无穷的宇宙方案一：宇宙自己孕育了自己

如果小比利对之前的"开端"的含义感到不满意，甚至他认为已经对所有这一切的发展趋势有了一些见解，"宇宙自己孕育了自己"，这句话就足够让任何人打消在生物学讨论中向物理学家寻求帮助的想法。

关于宇宙的起源的讨论仍然是场公平的竞赛。1998年，普林斯顿的J.理查德·戈特和李立新提出了一种可能的假设，宇宙也许是由某种可以被称作时间机器的机制生成的。他们向我们说明了，或许可以得到这样一个广义相对论中的爱因斯坦方程的解，即多重宇宙开始时在一个连续的圆圈中不断地打转①，这个圆圈可以看作发芽的树的"主干"，生成了我们自己的宇宙。有图有真相，让他们用自己的图画阐释。

①　就像《土拨鼠日》。（这部电影的主人公意外陷入了一个不断重复某一天的时光隧道中。——编注）

看这幅图的方法是，在大多数情况下，时间从下往上走，所有的一切都从底部的小圆圈开始。这就是多重宇宙的起源。这意味着，多重宇宙没有开端，因为圆环无穷环绕。

这意味着我们可以讨论"大爆炸后的时间"，因为循环后的时间会通向未来，宇宙就诞生了。你也会注意到从起初的时间圈出来的角状物不止一个，而是许多。这与今天我们看到的暴胀的多重宇宙观是一致的。

无穷的宇宙场景二：这不是第一个宇宙

最终宇宙坍缩的可能性是存在的，这个可能性我们讨论过，但是很快就否决了。从目前的角度来看，这个可能性的诱惑力在于，如果宇宙是以某种方式结束在一个"大坍缩"中，那么真的有一种可能性是多重宇宙经历了一系列的无穷无尽的膨胀和坍缩，我们的宇宙仅仅是无穷多个中的一个。

它的问题在于（除了由于我们的宇宙中物质过少，以致不能使得它坍缩的问题）无序性。正如我们在第三章中看到的，宇宙热爱无序。如果你曾经堆过易拉罐，你就会知道只有一个办法来堆放——那便是将它们直立起来。但如果你要把它们弄倒，易拉罐便会到处乱跑。有很多的方式可以破坏易拉罐堆成的塔，而堆起来的方法只有一种。随着时间的流逝，宇宙也会毁坏所有形式的秩序。

如果我们的宇宙属于一系列的膨胀和坍缩中的一个回合的话，那么我们的"大爆炸"就是在某个开端（又是什么导致了这个开端？）后数以十亿甚至百亿年才发生的，因此宇宙有很长时间可以变得无序。但情况并不是这样的。我们往回看，所在的宇宙是非常光滑的，并且处在一个高度有序的状态。这个理论并不能解决我们的问题。

但近年来出现了很多新的循环模型，它们允许一个永恒的多重宇宙存在。2002年，普林斯顿大学的保罗·斯坦哈特和剑桥大学的尼尔·图罗克提出了一种涉及弦理论中的额外维度的模型。就像我们在上一章看到的，弦理论认为，我们的宇宙可能不是三维的，而是可能有多达10个空间维度。我们自己的宇宙可能只是生活在一个三维的"膜宇宙"中，它漂浮在多重宇宙之中，几乎不和其他宇宙相互作用。

然而，不同的膜（宇宙）可以由于吸引相互作用。在这个模型中，加速宇宙的暗能量并不是真的存在，它们只是膜宇宙之间剩余的万有引力[①]，暗物质只是旁边的另一个膜宇宙上的普通物质。膜宇宙会偶尔互相碰撞，在不同的膜宇宙之内引发"大爆炸"，然后一切都会按照我们已经见过的样子发展下去。

这些模型是非常好的，它不需要靠暴胀来解释平坦和视界的问题。它还以新颖的方式解决了"无序度增加"的问题。循环往复后，膜变得越来越大，这意味着无序得以散布到越来越大的空间中。附近的一小块膜被称作我们的宇宙，然而，这只是膜宇宙的一小部分，所以我们的开端似乎源于其中一次膜的碰撞。

这听起来不错，但是一个很大的问题是，这些模型的前提是弦理论是正确的，而目前还缺乏相关证据。在很多情况下，宇宙都会经历一系列的坍缩和反弹，弦理论只是其中的一种可能性。如果圈量子引力理论是正确的，那么如果你想放映关于宇宙的电影，就会被卡在普朗克时间处——宇宙确实不能比普朗克时间更早更年轻。结果是，时间会自动地回溯。换句话说，**自然的解决方案告诉我们**：宇宙是永恒的。

---

① "膜之间的万有引力"通常也被称为爱（至少在科学圈里，外表并不重要）。

最后，大爆炸理论具有与进化论相同的基本问题。它们都近乎完美地解释了宇宙（或是生命）在出现之后是怎样改变的，但是都没有解释起初是怎样**真正**开始的。你不能因为一个理论没有解释一切而否定它，但也并不是说我们停止对此好奇。对小比利的解释也许会以这样的方式结束："孩子，其实我们也不知道你从哪里来。"

第八章
地外生命

"其他的星球上有生命存在吗？"

物理学家们确实要处理一些头疼的难题。之前我们已经讨论过时间的开端和终点，以及所有那些在开端和终点之间发生的事情。我们还研究了广袤的空间以及构成宇宙的物质成分。我们在讨论量子力学的过程中略去了一些让人感到不舒服的东西，这些东西在过去可是最大的问题：自由意志与决定论。络绎不绝的怪相弥漫在这个领域中，有时候，最安全的科学策略是放低姿态，埋头计算，事后再看一眼答案①。

与此同时，某些公众关注倾向于认为，通过思考宇宙尺度的物理问题，或我们是否孤独地存在于宇宙中，可能对现实的真实本性有某种特殊的洞察力。当被问到这些事的时候，物理学家会脸红，并且想起他还需要把计算坚持下去。这些艰深的问题很难被解决。著名的牛顿爵士，是他那个时代（也许是任何时代）最伟大的物理学家，同时也是一个虔诚的基督徒。在发现物理定律和微积分的间隙，他仍然有足够的时间去思考一枚针尖上可以有多少天使在跳舞。人类有一个光荣的传统，就是把物理学应用到非物理问题上。这意味着当有人问我们是否相信有外星人存在时，我们不能假装不知道，而是要假装知道。

---

① 不幸的是，就像大多数练习册一样，本书的最后只有奇数号问题的答案。

外星人都在哪儿？

让我们从一些显而易见的事开始谈起吧。某些事情不属于物理问题的范畴并不代表我们没法讨论一些有趣的话题。例如，"我们接触过外星人吗？"

最简单的答案就是：由于我们不是阴谋论者，所以不相信51区存在不可告人的秘密。我们可以肯定UFO从未迫降在地球上。当然我们**想要**相信有UFO，但即便如此，如果地球真的曾经被造访过，我们会非常惊讶。

人类的无线电信号传到太空中不过大约60年。除非外星人探测到来自地球的可疑信号，然后想要查出这些信号是从哪儿来的（尽管他们看到接收到的人类的电视节目后，估计就不会想来了），否则他们可不会来拜访我们。我们又假设他们一收到信号就尽快出发，可是他们能达到的最大速度和光速一比显得微不足道。

如果有外星人曾经来拜访过我们，他们距离地球必须在30光年之内。在这个位置上大约有400个恒星，但到目前为止还没有直接迹象表明，它们中的任何一个有类似地球的行星。这些行星都荒无人烟，当然也不具有智慧生命。而且由于我们的信号非常微弱，就算外星文明一开始就在努力寻找我们，现在也不太可能探测到我们的位置。

不过，这是宇宙的空间足够广阔，我们感觉其中**一定**会存在其他文明。恩里科·费米——20世纪最伟大的物理学家之一，将其中的基本问题归纳如下：考虑到宇宙中存在大量恒星。除非我们身上有一些令人难以置信的特别之处，否则其中一部分恒星（也许是很多恒星）很可能最后会发展出智慧生命。那么关键是，许多智慧文明会传播到其他的行星。如果我们在地球的经历算是一点启示，可以想象人们（或外星人）会以非常快的速度占领适宜居住的每个角落。由于宇宙已经很老了，看起来宇宙中应该住满了智慧生物，并且我们应该很可能与他们接触过很多次了。费米的问题是："外星人都在哪里？"

费米的计算可能有点儿问题，也许他对以超光速旅行或者去其他星系开拓殖民地有点过分乐观了。然而费米悖论搭建了一个舞台，让我们可以用天文学和物理学的知识去搞清楚手持船票前往地球的外星人到底可不可能存在。比如在我们所了解的银河系中，存在其他智慧生命的几率是多少？

最简单的方法就是花很长时间，反复观察附近的许多恒星。原则上来说，一个超级文明想要向外部世界宣告他们的存在，通常会发出无线电信号，其中包含一系列有规律的数字，使得其他智慧文明可以探测到他们。我们可没那么先进，只能接收信号；发射穿越星际无线电波所需的能量远远超出我们的能力。如果这种情况看起来有些熟悉，那就对了。这是《超时空接触》的基本前提，这部极具观赏性的电影在1985年由卡尔·萨根编剧，后来由朱迪·福斯特主演[1]。

尽管其中与外星人接触的情节不过是我们的美好愿望，但搜寻外星人背后的科学却是真实存在的。从20世纪60年代开始，有一个很活跃的组织叫作搜寻地外文明计划（SETI）[2]，其目的就是为了探寻地外文明。我可不想说丧气话，但到目前为止，寻找外星人的行动没有得到任何的回音。

---

[1] 这又是一个电影业帮助天体物理学家团体的案例，它暗示在我们的周围充斥着抽烟的美女。

[2] 这个项目在一段时间内没有政府的支持，因此自1999年以来，已经在很大程度上依赖于个人计算机用户处理通过望远镜阵列得到的大量数据。如果你有兴趣帮忙，可以搜索"SETI@Home"。

外星人能拜访地球吗（假如他们想来的话）？

我们不妨想象一下，SETI最终发现了外星文明，并且实在太走运了，外星人就住在我们的后院。假设我们打算举行一次载人远航，去半人马座α星拜访他们，这颗恒星距离地球大约4（实际上是4.3，但谁在乎这点呢）光年。这是我们目前能做到的事吗？实际上门都没有，但想象一些科幻级的工程并做点什么是无伤大雅的。

我们不能用曲速引擎来超光速旅行，因为这就是胡说八道，而且也不要一开始就设想制造虫洞这种不靠谱的事情。我们也不能瞬间加速到99%的光速，即使有这样的技术，我们也会被加速度杀死！假设宇宙飞船的加速度只能达到一个重力加速度，这样我们就可以很舒服地驾驶。旅程的前一半我们会被抛向飞船的尾部，但由于加速度大小刚刚好，你会觉得人工重力和在地球上一样。在旅程的后半段我们会慢下来，飞船的前端会"下来"。这里还有能量的问题。就算我们的"宇宙飞船"只有一个舱，只能住一个人[1]，它要达到这样的持续加速度所需要的能量，相当于目前整个美国在三个月内消耗的能量。

忽略前面提到的那些微不足道的技术困难，我们可以在有生之年到达半人马座α星吗？

很简单。通过计算得出，我们只需要大约1.7年就可以走过第一个光年，并且只要1.1年就可以走完第二个光年。当我们行程过半的时候，我们的速度会达到光速的94%。当然，从那时候开始我们会以一个重力加速度大小的加速度开始减速，免得走到目的地的时候还是接近光速。所有时间加起来，整个旅程将需要耗费大约5.6年。这不会让人觉得科幻到特别不切实际[2]，肯定是可行的。

又有一个新的问题出现了：上面计算出的航行时间是我们的朋友以地球上的标准来衡量的。正如你在第一章中看到的那样，当我们以接近光速旅行的时候时间看起来会变慢。从船上的人看来，整个旅程将只需要3.6年——比我们预期的"最低值"4年少，因为我们相距半人马座α星是4光年。毫无疑问，我们仍以小于光速的速度旅行，但巨大的速度扭曲了空间和时间。因为这个时间的延缓效应，理论上我们甚至可以在一生之中访问更遥远的恒星。问题是对其他人来说时间的流逝都是正常的，他们可没工夫等我们太久。

---

① 想想"美国航空公司的经济舱"。

② 第4182集：勇敢的船员们最终完成了在1205集开始的大富翁游戏！

我们应该对此持乐观态度吗？很显然费米是这么认为的，但是他又指出外星人会从宇宙中的其他任何星系而来。也许考虑自己的银河系的情况可能更现实一些。我们可以用一点点我们讲过的统计方法来试着得出探测到外星文明的概率。弗兰克·德雷克，SETI的创始人之一，在20世纪60年代曾经使用概率论的方法来推测银河系中是否存在具有智慧的外星人。

尽管它被改写成了很多形式，德雷克方程的最简形式是让我们把所有产生智能文明的上限概率乘在一起：

1. 银河系中有多少颗恒星？

2. 其中有多大比例拥有行星？

3. 有多大比例的行星可以养育生命？

4. 这些行星有多大比例在某个时候**确实**在养育生命？

5. 如果他们产生了生命，最终进化到智慧生命的概率是多少？

6. 智慧生命向太空中广播他们的存在的概率是多少？

7. 我们期望这些文明能坚持多久？

最初的几个问题可以回答得相当精确，但问题越到后来，你和其他任何人猜的（几乎）都没什么区别了。我们仍然通过使用逐条分析的方法，也许可以得到一些相当不错的估计。

首先从最简单的问题——也就是第一个开始。表面上看，我们或许可以期待一下会存在很多拥有智慧的外星人。毕竟在我们的星系（银河系）中大约存在着一百亿颗恒星，而一个典型的恒星可以持续存在数百亿年。从我们银河系的年龄来看，平均每年可以形成十颗恒星，每个恒星都是产生新文明的新机会。但是我们仍然不知道这些恒星中有多少会长成像我们一样的太阳系。如果有一件事是可以肯定的，那就是生命需要把一颗行星（或许是它的卫星）称作家园。

有多少适合居住的行星呢？

SETI成立之初，太阳系中恰好有九颗行星是已知的。由于冥王星被降级为矮行星，其余的星球要么太冷，要么太热，要么由气体组成，我们也许会认为，找到另一个文明或（假如我们最终完全废弃地球）寻找另一个地方定居的前景看起来很黯淡。这并不是说我们认为其他恒星没有行星围绕，只是还没有发现它们罢了[1]。

在20世纪80年代后期和90年代初，人们开始不断地发现行星，情况发生了改变。通常我们发现新行星的方法是观察它们所属的恒星；行星围绕恒星转动，从技术上来说恒星也在围绕行星转动——尽管很难察觉。如果行星足够大并且足够接近它的母星，那么恒星绕着轨道每转一圈都会显现出一点小抖动，我们通过测量这个现象，推断围绕轨道运行的行星质量。

我们甚至开始能够直接看到一些新发现的行星。2008年，来自加州伯克利大学和不列颠哥伦比亚的赫茨伯格研究所的研究小组分别拍到了被称为北落师门b和HR8799行星系统的照片。你可别指望能看到迷人的海滩以及城市的天际线的照片。每张照片只有一个像素。此外，这些系外行星一定不会是你消磨假期的好地方。他们比木星都还要大得多，并且几乎可以肯定是由气体所组成。

2009年初，美国宇航局发射了开普勒卫星。该仪器将持续监测约十万颗恒星，并寻找这些行星相对母星发生日蚀的信号。当行星从其恒星前面经过时，恒星的光线会变暗一点点。由于这种效果是周期性的，我们可以利用这个特点来计算出行星年的长度、物理尺寸、到恒星的距离以及其他关键性质。

到目前为止，我们已经发现了超过300个太阳系外行星，我们还对它们做了一个粗略的估计，看起来至少15%的恒星拥有行星，而且很多恒星还不止

① "你看过自己夹克里面吗？好吧，那么你的短裤呢？不不不，你*其他的*短裤！"

拥有一颗行星。然而到目前为止，这些发现的行星绝大多数更像是木星而不是地球，不是我们预想中那种生命会蓬勃发展的地方，除非你很想在一个巨大的由氢气组成的球体中遨游。

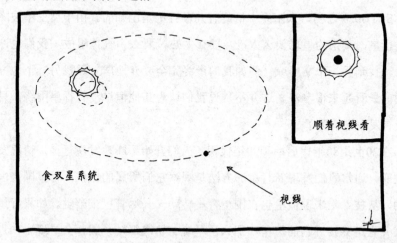

我们希望找到的是一个岩石星球[①]——"类地行星"，就像人们在商业上说的一样。这做起来很困难。由于类地行星比气体行星这个庞然大物要小得多，在母星旁产生的摆动也要小得多，所以它们比笨重的木星的兄弟姐妹要难探测得多。然而我们一直在努力。我们希望开普勒卫星能发现大量的类地行星——只是不知道会有多少。这个望远镜的设计思路是，一个建造了类似开普勒望远镜的幸运的外星文明会探测到地球。

但是我们为什么要等到开普勒卫星发送结果回来？在第六章中我们讨论了一个称为"引力透镜"的现象。一个遥远的星系所发出的光，会被半路上的一个或一撮星系的引力场放大扭曲。任何质量的天体都可以放大背景光。几十年来，天文学家一直在监测这样的"微引力透镜"事件：即一个恒星或其他天体恰好经过地球和一个遥远的恒星之间。遥远的恒星在数天或数周之内会变得更亮，然后再度黯淡下去。根据这些变化，我们可以探测任何种类的质量，包括行星，但前提是我们要非常地走运。2005年，当光学引力透镜

---

① 一个由史泰龙的克隆体居住的行星？我们可能需要重新考虑这个目标了。（岩石rocky与史泰龙在《敢死队》中的经典角色洛奇拼写一样。——编注）

实验（所以，其中发现的行星都基于这个实验的首字母缩写OGLE来命名的）
观测一颗恒星的时候，看到了一个细小的额外信号。它探测到了我们太阳系
之外最类似地球的行星，它的质量只有地球的5.5倍。尽管如此巧合，但是我
们不能住在OGLE-2005-BLG-390Lb（这是我们已经给它起的名字）上，因为
它表面的温度只有零下223摄氏度。

我们假设岩石行星的生命进化需要液态水是因为正是这种环境给了我们
生命。这也许是合理的，因为我们真的不知道在那里可能存在什么样的其他
生命。当然生命也很有可能不在行星上产生，而是在它周围的卫星上存在。
有很多猜想认为木星的卫星欧罗巴的表面之下可能有液态水。生命也许会在
那里出现，或是在银河系其他类似的地方？唯一可以肯定的是，生命似乎并
没有在月球或太阳系中其他任何的行星上出现。此外，即便存在生命的行星
可能会比我们假设的多得多，这也改变不了太多。我们仍然相信生命是比较
罕见的。

甚至在我们的太阳系，一个岩石行星并不能保证它是"M级"的，柯克
船长和他的手下经常这么说。水星和金星实在是太热了，而火星上没有明显
的大气层，温差太大。只有地球落在了黄金地带：刚刚好。也请注意，我们
太阳系所有的行星的轨道围绕太阳都接近圆形，这意味它们一年内的温差不
会太大。然而，我们在太阳系外发现的300多颗行星中，大多数的轨道都是椭
圆，这意味着你半年被火烤，半年被冰冻。这些恶劣的条件对生命的出现都
很不利。

但是我们有愿景。2007年我们发现了一颗被称为Gliese 581d的行星。尽
管它的质量是地球的8倍，然而由于它几乎足够接近它的中央恒星，所以温度
可以让水呈现液态。虽然我们不知道是否有冰溶化，或是否存在温室气体使
得行星变暖，但Gliese 581d是已知的、能支持生命存在的、最具前景星球的
纪录保持者。

尽管我们已经得到了关于太阳系外行星的比较好的结果，可还是没有
找到一个可以支持生命存在的行星。在德雷克方程的第四个问题中，当读到

"这些行星有多大比例确实在养育生命"时，我们不得不耸耸肩。因为目前只知道一个**能够**支持生命的行星，并且**确实**已经有生命存在了[①]，我们很难说什么东西是确定的。

然而我们有充足的理由乐观。考虑到地球46亿岁了，生命的出现是在它诞生了8亿年之后。换句话说，也许就在我们能看到的某个星球上，生命已经尽可能快地开始产生了。

智慧文明存在了多久？

在地球上，看起来各处都是生机盎然的样子，甚至在几乎不可能有生命的地方都存在着。也就是说我们并非对讨论星际细菌[②]有着浓厚的兴趣。我们感兴趣的是想要抚摸参宿四上绿色皮肤的外星人婴儿。在宇宙中某处发展出智慧生命的概率有多大？我们不知道，因为这事似乎只在地球上发生过一次，而且只有区区的几百万年的时间。

在流行的进化观念中，人们认为所有的猴子、肺鱼等已不可阻挡地朝最高形式进化：那就是人类。然而进化本身可不这么认为。在现实意义上，智能并不一定意味着我们更适合生存，所以生命最终将进化成什么样的高级智慧并不是显而易见的。我们消耗大量卡路里的大脑、长时间的妊娠期和童年的无用，使得在进化的博彩中投资人类看起来是笔糟糕的买卖。但有时候（我们不知道这样的几率能有多少）那些彩票也会中奖。

我们不妨想象一下，有时候一只猴子（或凝胶状的一滴东西）突然决定发明语言、用火和演奏爵士乐萨克斯。那些好时光能持续多久？就像我们看到的一样，恩里科·费米认为一旦某个文明发迹，将会难以置信地持久并且富有侵略性，这意味着他预计那些文明早已开始侵略。

---

① 提示：它的读音和"敌酋"是一样的。

② 它们的鞭毛四处挥舞，很难解释它们的符号语言。

　　1993年，普林斯顿大学的J. 理查德·高特提出了"哥白尼原则"来处理这个难题。他做了一个非常简单的假设：你并不特别①。这实际上是相当合理的，因为在人类历史上，每一次假设自己**是**特别的都已经被证明是错误的。地球不是太阳系中一个特殊的星球；它只是围绕着太阳轨道的八颗行星中的第三颗。太阳也不在银河系的中心，它距离银河系中心大约25 000光年。我们银河系不在宇宙的中心；没有什么是宇宙的中心。当我们开始看到从太阳系外发现的行星时，甚至地球（位于黄金地带的岩石行星）也变得有些普通起来。

　　那么如果你只是一个普通物种中的一个普通样本呢？这意味着：在任何给定的分布中，我们会在中间的某个地方，但不一定会在死亡中心。想象一本100页的书，书中包含了所有曾经活着和以后要活着的人名，但用很小的字体按照出生年份顺序排列。如果你在书的第一页或最后一页找到自己的名字一定会觉得**很奇怪**。因为只有2%的人类会在文明的开始或结尾出现。现在你觉得自己走运了吧？

　　物理学家如果对结果有95%的信心，他们通常会发表这些结果。这就是

① 别相信你妈妈的心灵鸡汤。

说在我们所举的例子里，你是"平均"的意思就是位于前2.5%和后2.5%的人类之间。在这个范围开始的地方，出生在你之后的人数比出生在你之前的人多39倍；在该范围结束的时候，出生在你之后的人数是出生在你之前的人数的1/39。

假设地球的人口在过去和未来已经保持不变并且将继续保持下去。这样做只是为了简化计算，因为这不会对计算出的数字有太大的影响。如果说"人类"已经存在了20万年（这里随意挑了个数），然后我们就有95%的把握说，人类还能存在的年数在5128年和780万年之间。要知道，世界末日并非指日可待是件很好的事，但令人沮丧的是，人类似乎总是有一个终结的日期。

这不是事情的终点。想象一下一个文明要发展星际旅行，去开拓星系的深处。更**大**的可能是你已经出生在一个新的行星，而不是在太空旅行之前原来的星球，这是费米悖论自相矛盾的地方。所以要么我们是星际帝国非常幸运的父辈，不然我们自身以及后代都会止步于地球。

当然，和之前的讨论一样，这只不过是一个概率意义下的描述罢了。

与德雷克方程玩这些统计游戏的难点在于我们不知道这些因素中的大部分该取十分之几合适。在某些情况下是百分之几。例如德雷克代入了他认为是合理的数，估计出在我们的银河系可能有其他十个智慧文明存在。这个结论带来的希望是支撑SETI项目的主要动力之一。

但文明的实际预期数比10小100倍甚至1000倍。事实上，你应该独自一人停下来想一下。毕竟德雷克估计的千分之一大小的几率，意味着在我们银河系的尺寸范围内，平均而言可能只有大约0.01个智慧文明能幸运地把思想发送到宇宙的其余部分。但这不对！我们**知道**至少有一个智能文明，就我们自己。德雷克方程可以作为一个猜想，但除此之外的事又有谁知道呢？

人们①喜欢说："闪电从来不会两次击中同一个地方。"在这种情况下，他们认为在一个星球（地球）上形成智慧生命是不太可能的。同时在地球和

---

① 或者，至少是那些认为陈词滥调是除切片面包之外最棒的东西的人。

其他地方形成智慧生命更是天方夜谭。但事实上更准确的说法应该是闪电一次也不会击中。也就是说，如果我们选择了一个**特别的**恒星，然后询问它是否打算形成智慧生命，成功的概率会小到微乎其微。另一方面，地球并不是随机存在的。如果地球上没有了智慧生物，我们就不会有这样的讨论。

 ## 我们不存在的几率有多少？

我们在这里讨论自身存在的可能性。但这样的谈话可不会发生在月球上——因为没有聪明的月球人参与讨论。事实上，你（或其他智慧生物）作为讨论内容的一部分，意味着谈话必须发生在一个可以进化出智慧生命的世界里。

在我们自己的宇宙甚至更正确。到目前为止，我们在用发现的一组物理定律描述整个宇宙这件事上做得很好。一个往往被大多数的讨论忽视的问题是，标准模型内的几十个重要常数是测量出来的，就算我们的生命依赖于它们，可这些数字却不能从基本原理中计算出来。我们觉得有一些隐藏的原理来操纵着这些数字，但此刻只是不知道这些规律是什么罢了。

我们不知道为什么电子、夸克，或者中微子会有那样的质量。我们也不知道为什么基本作用力会有那样的强度。这些数值发生任何细小的变化，都将极大改变宇宙的面貌。例如，如果弱作用力更弱一点，那么质子和中子会在大爆炸后几乎立刻转换为氦。氦，正如你可能知道的，它是"贵族气体"中的一员。原因很简单，它拒绝和别人在一起。换句话说，一个较弱的弱作用力意味着没有氢。没有氢意味着没有化学。没有化学意味着没有我们。

再举一个例子，如果电子比它们现在更轻一点，那么它们很容易加速，可以接近光速运动，那就不可能形成恒星。恒星制造出重元素，包括碳，这对生命来说是必需的，所以电子太轻就没有恒星，没有生命。

那么，假如这些数值与宇宙的基本物理规律并没有联系呢？如果这些数值真的是随机的呢？如果它们中的几十个参数稍稍改变，我们就不会存在！而且我们假设了生命所需要的要素，例如水（或者至少是复杂的化学物质）对其他智慧生物的作用，如果没有这些，宇宙中不再会有任何的智人存在。

我们用自身**确实**存在的事实来反驳我们不可能存在，这被称为"人择原理"，这是由布兰登·卡特在1974年提出的，他指出，"我们所期望观察到的现象必须受限于一个必要条件，即我们作为观察者是存在的。"这句话显然是正确的，可能是有用的，但也很大程度上被"严肃"的物理学家所排斥，他们中的许多人甚至拒绝讨论它。

它的基本想法是，不管可能性有多么小，如果宇宙不是为了适于智慧生命生存而被微调过，那么智慧生命也不会在这里谈论它。宇宙是为我们设计的？大多数物理学家（包括我们）不这么认为。我们的宇宙只是许多个宇宙中的一个？大概是这样的吧。我们讨论了平行宇宙，但也有可能是我们所处的宇宙位于一个大得多的宇宙之中。也许那些宇宙中只有很小的一部分有维持生命所必需的条件，而我们很自然地生活在其中一个之上。

当然，与碰巧存在一个宇宙支持生命的事实相比，这对基础物理更有意义。尽管从概率上来说，此时此刻我们似乎是孤独地生活在宇宙中。

 ## 她用科幻……亮瞎了我

经常有人问我们，从科学精确性的观点来看，他们喜爱的电视节目是不是科学？我们的回答：不怎么科学。这并不是说作者喜欢把事实弄乱，只是人为创造的科学更有趣。接下来这个清单并不详尽，不过这里列举了一些最常见的问题。

没有什么东西能跑得比光更快。太空是巨大的，没人想花几个世纪来看一个节目。是否可以通过使时空扭曲来超光速（FTL）旅行，或者利用虫洞？几乎每一个黄金时段的连续剧都在挑战真实科学的底线。

　　因为让人们用飞船和空间站漫无目的地飞行是昂贵（而且混乱）的，科幻节目一般会介绍一些人工重力。实际上只有三种方法做到这一点：飞船自旋（《2001太空漫步》）、磁铁填充，或不断加速飞船，就像我们在半人马座 α 星之旅中做的那样。大多数电影都把这些想法弃之不用，而是发明一个"人工重力"系统——就像用一根手指向科学致敬。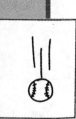

　　科幻小说的社会完全没有外星婴儿？我们已经试图在本章中讨论过了，外来物种可能很罕见。对"M型行星"来说同样是正确的。如果把一 个人丢在一个星系中随机选择的星球上，他会在几分钟内窒息、融化或冻住。当然被压碎也是一个不错的选择。伙计，太空是空的。

　　我们不反对在大多数电视节目中建造一个合适的、符合物理定律的时间机器（例如可以参考第五章中的设计规范）。然 而几乎每一个节目都会在两个基本原则上大错特错。首先，他们在某种程度上允许自己建造的时间机器能穿梭到机器被发明之前；其次，作者显然让角色有能力改变自己的过去。

　　我们无法判断每一个节目中出现的事（书呆如我们也没有看   到发生的每件事），这里只不过罗列了一些流行的桥段。

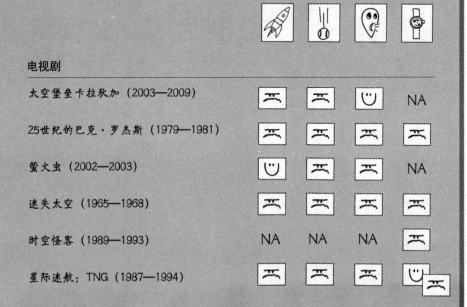

电视剧

	🚀	坠球	外星	⌚
太空堡垒卡拉狄加（2003—2009）	⌣	⌣	☺	NA
25世纪的巴克·罗杰斯（1979—1981）	⌣	⌣	⌣	⌣
萤火虫（2002—2003）	☺	⌣	⌣	NA
迷失太空（1965—1968）	⌣	⌣	⌣	⌣
时空怪客（1989—1993）	NA	NA	NA	⌣
星际迷航：TNG（1987—1994）	⌣	⌣	⌣	☺ ⌣

第九章
未 来

"我们不知道什么？"

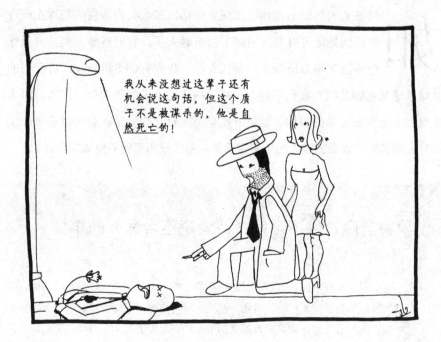

如果过去的科幻小说都可以成立的话，那么我们居住的星球上或许早已到处是可以变成消防车的机器人了，它们有激光剑，并以绿色浮游生物为原料生产替代食品。我们有GPS和Tang，可我们的月球基地又在哪儿呢？我们不能去责怪这些科幻小说的作者们，因为预测未来确实不是那么容易的事情。这就好比谁能预料到我们现在会去讨论十维空间存在的概率，以及加速中的宇宙主要是由暗能量和暗物质组成的一样？

 ## 早餐前后六件不可能（或者说不合适）的事情

他们说只要态度端正就没有什么是不可能的。"他们"可真是一群白痴。我们并没有想要冒犯励志广告的意思，但确实存在着看似不可能与真的不可能之间的界限，同时我们也很难把握真的真的很大和无限大的差别。例如，我们真的很难以光速的99.99999%的速度运动，尽管在理论上这是可能的。另一方面，任何东西以100.00001%光速运动是绝对不可能的，尽管后者的速度只比前者快了210千米每小时。这不仅仅是困难和挑战（因为根本别想，无论你交叉手指有多快，也不管你多么努力去踩踏板，这都是不可能的）。既然我们已经在这本书中讨论了许多问题，我们还是想给你一个备忘录，以免你误入令人恼火的伪科学观点中。

看起来不可能的事（但却是可能的）：

1. 建造一个时光机，不管怎样，如果你想要尝试的话。

2. 宇宙膨胀的速度"超过了光速"。

3. 能同时出现在两个地方。

4. 平行宇宙中有一个一模一样的你，不只是可能，而且可怕。

5. 你需要让一个电子转两圈，使得它看起来和转圈之前一样。

6. 瞬移：可能的，但由于现代科技让我们一次只能"瞬移"一个原子，太没效率了。

绝对不可能的事：

1. 利用时光机去干掉你的祖父，就算可能你也别这么干啊，亲。

2. 跑得比光还快，不过用引力作弊也许可以。

3. 到别的维度中旅行，主要是因为这句话几乎没有意义。我们已经在宇宙的所有维度中了，即便是那些很小的维度。

4. 把温度降到绝对零度。量子力学会一直让你的原子咯咯笑。

5. 从黑洞逃脱。

6. 确定地预言任何地方要发生的任何事情。

　　我们已经花了大量的时间来描述物理学现在的状态，但有时不得不远离一些言之凿凿的理论和一些谨慎的推测。一无所知是个很好的出发点，并且我们已经证实了当前物理理论的局限性。如果有好的方法[①]，就可以加以利用去完善这些理论。将这些牢记在心，然后把你的喷气背囊系好。因为我们将要在最后一章了解一些大问题，当然我们也希望在未来的20年内能给出这些

---

① 两升无糖可乐，几个神经质的研究生和一大笔的研究费用。

问题的答案。

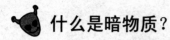 **什么是暗物质？**

宇宙看起来比它本来要陌生得多。比如说，我们发现神秘的暗能量主宰着宇宙，我们对其余的大部分物质也很不了解。它是由某种"暗物质"组成的，不与光相互作用（"暗"），却是一个引力源（"物质"）。换句话说，这个名称除了形容我们的无知以外没有别的用处——这个解释也只是比声称引力是仙女创造出来的好一点点。

有一些科学界的人不相信暗物质是一种真正存在的物质，因为人类从来没有发现任何暗物质粒子。天体物理学家只是在做自己认为值得的工作，并对他们观测出的结果做出最简单的解释，但不见得就是对的。这已经不是第一次看似"显然的"解释到最后被证明是错误的了。行星和恒星看似在围绕地球转动，这个观点一致为人们所支持，直到16世纪哥白尼提出了日心说。

一些怀疑者急于否定暗物质存在这一观点，他们觉得爱因斯坦和牛顿同时出错（几乎）是不可能的。他们通过引入一些理论，试图让通过爱因斯坦引力方程算出来的数据跟他们观测结果一致，并且其中不包括这些令人厌恶的暗物质。近年来，对修正牛顿动力学（MOdified Newtonian Dynamics，缩写为MOND）感兴趣的人数与日俱增①。这一理论的基本前提是在小尺度上，例如在太阳系和地球上，引力的作用完全像牛顿和爱因斯坦所提出的那样。然而在更大的尺度上，例如在星系和宇宙空间内，引力的作用就会有所不同。

我们要捍卫广义相对论不只是因为它是爱因斯坦所提出的概念，他在其他领域中的研究成果很多都被证明存在错误②。另一方面，用物理学家的话来

---

① 物理学家已经为了做到合理发音而创造出了首字母的缩写艺术。

② 例如EPR悖论，男人们无视他的警告继续穿着裙裤。

说广义相对论是极其"优雅的",因为它的方程看上去是如此简单,以至于很难让人相信它是错误的。正如我们所看到的,采用修正牛顿动力学的方法来处理这个问题,是因为它将一种不明原因的数字(暗物质的量)换成了另一种(引力的尺度从正常变化到"修正")。

更重要的是,你会发现很难将**所有**暗物质存在的观测结果同时解释清楚。修正牛顿动力学很好地解决了一个已经存在了大约一个世纪的难题——似乎没有足够的质量将星系和星团束缚在一起。由于修正牛顿动力学解释了**这个**难题,暗物质也就不再需要了,争论到此为止。

但还远不止如此!子弹星团的引力透镜观测和其他观测也清楚地显示:宇宙中存在着大量物质,它们不与恒星或者气体发生联系。通过观测遥远的超新星爆炸,人们探测到了宇宙的膨胀速度的变化,这意味着除了重子物质之外,宇宙中还存在很多别的物质。最后,所有的证据表明宇宙是平坦的。反过来意味着宇宙质量的85%是暗的。

为了我们的钱袋子,我们可以肯定,宇宙中有一种粒子,粒子上到处写着它的名字:"暗物质",用法语来说就是:修正牛顿动力学之末日(la fin du MOND)。

暗物质不是什么?

假定暗物质是真实存在的,但是它们很狡猾、很难捉住。尽管我们不知道什么是暗物质,却大概知道暗物质**不是什么**。它不带电,否则它就会跟光相互作用。而且不带电也意味着你无法感觉到暗物质。你在生活中通过触碰能够"感觉"各种事物,是因为你的手上存在电场。当你触摸任何东西时都会在手上产生一个电场,让你感受到物体的存在,没有这种电场,任何物体从你身边经过你都不会感觉到它们的存在。

在物理学的标准模型中,只有两个已知的粒子不带电:中微子和中子。不幸的是,中微子太轻,而单个中子每10分钟衰减一半。由于宇宙的年龄远远大于10分钟,这些都不是我们要找的粒子。而且到目前为止,还是没有找到一个很好的暗物质候选粒子。但你必须明白，物理学家是很狡猾的，虽然在已知粒子中没有可作为暗物质的候选粒子，但我们有理由创造一些粒子[①]。这些候选粒子包括轴子、微型黑洞、磁单极子、夸克块等等。黑洞、磁单极子等已在实验和观测中被排除可能了，因此没有一种粒子被证实能够成为暗物质粒子。

然而很多粒子物理学家认为，宇宙中存在大量的WIMP。这不是你想象中的一款游戏；WIMP是"大质量弱相互作用粒子"的简称。就像"暗物质"一样，"大质量弱相互作用粒子"只不过又描述了我们大多知道的内容。当然暗物质的数量是巨大的。因为它不参与强核力或电磁力，因此我们推测它参与弱核力[②]。

综上所述，WIMP是一个好名字，描述性强；但坏的一方面是，它几乎什么都没有告诉我们。于是我们的任务转向利用理论粒子物理去推测WIMP是什么。在这种情况下，"预言"不仅仅意味着宣告它们是否存在。一个好的理论要告诉我们WIMP有多少质量，和哪些粒子发生（多么频繁的）相互作用，以及何时、如何形成。

超对称性

在WIMP比赛中的领跑者遵循一种传统规律，即组成它的粒子看起来几乎同其他粒子完全一样。一个经典的例子是中子。1920年之前，人们熟知的"基本"粒子只有两个：质子和电子，质子带有一个正电荷，电子带有一个负电荷。当时的科学家已经能够测量原子核了，比如氢原子，有一个正电荷。氦原子有2个正电荷。结论很"明显"（基于化学理论）：氢原子是由1个质子构成，氦原子是由2个质子构成。如果这是真的，那么氦原子的质量应该是氢原子的2倍。可事实上，氦原子的质量是氢原子的4倍。

[①] 发明新的粒子并不像在餐垫上画个圆圈一样简单。理论物理学家耗费数年来探索对称性，在价值数十亿美元的加速器中做实验，最终只不过是在潮湿的鸡尾酒餐巾上画圆。

[②] 我们在这里说的过于轻浮了。其实我们还有一些暗物质的候选人包括轴子、磁单极子和黑洞，这些粒子都**不是**WIMPs。尽管如此，我们还是在WIMP的某些变种理论上花钱研究了。

凭借在物理领域中研究学习多年的经验，厄内斯特·卢瑟福意识到4比2大。他预言存在某种电中性的粒子，质量大约和质子相同，该粒子最终被命名为中子。尽管回首来看时似乎再明确不过，但这在当时却是一个大胆的预言。与暗物质相似，中子不与光发生相互作用，因此它不能直接被人类观测到。直到12年之后，杰姆斯·查德威克终于在实验室中发现中子，并符合卢瑟福推测的所有关于中子的性质。

一系列成功的发现堵住了物理学家的嘴，他们本来会说："嗯，如果我们能发现新型的粒子，它们同目前已知的粒子看上去几乎一模一样的话，那我们倒不如去做生意好了。也许的确存在一种隐藏的粒子，尽管出于某些原因无法找到，这就是目前的情况。"同卢瑟福的中子一样，这种方法会时不时地寻找出新的粒子来简化问题[①]。

物理学家们喜欢对称性，就像我们很不喜欢的第四章一样。在标准模型里，有6种不同的夸克和6种不同的轻子，并且每个群体可进一步细分为三个一组。比如轻子，其中有三个（中性）中微子，以及（带电的）电子，μ子和τ子。此外，每一个粒子都有一个反粒子，性质几乎完全相同，但电荷相反。粒子分类的方式有很多，通常以每组数目相等作为划分标准。但是在不对称的情况下，标准模型把粒子分为两类：

1. 费米子，它是物质的成分。费米子包括夸克、电子、μ子、τ子、中微子等，并且具有之前我们谈到的很好的对称性。

2. 玻色子，它是中介粒子。这些都是带有不同作用力的粒子。玻色子包括光子、胶子、W粒子和Z粒子、希格斯玻色子（如果存在的话）和引力子。

所有粒子（包括粒子和反粒子）一共有28种玻色子和90多种不同的费米子。不要因为出现那么多"基本"的粒子而转移注意力。它们中的大多数除

————————
① 另一方面，科学家服用水银，或者在抽屉里保存放射物质的样本也有一段悠久的历史。

了一些不重要的细节以外都基本相同，比如与夸克有关的颜色。

　　不过，事实上不同数量的费米子比玻色子多这个麻烦事仍然打击到很多物理学家。为什么组成物质的粒子（费米子）会和作用力粒子（玻色子）彻底分离开？如果它们是同一枚硬币的两面，那么费米子和玻色子的数量应该一样多才是。这便是关于"超对称性"的概念，这意味着存在着大量的但我们从来没有见过的粒子。因为这些完全是假设，所以我们给它们起一些有意思、听起来像意大利面的名字："引力微子"、"中性微子"[1]（另一位暗物质粒子候选人），以及（我们最喜欢的，至少从一个古灵精怪的角度命名的）具有W粒子的超对称性伙伴："W微子"[2]。

　　这些粒子看起来和一般粒子几乎完全一样。如果超对称性真的是一个完美对称，那么W微子[3]应该和一个W粒子质量相同，超电子（Selectron）[4]应

---

①　引力微子（gravitino），中性微子（neutralino）原文均以o结尾，意大利语中的很多名词也是如此。——编注

②　W微子wino也作酒鬼。——译注

③　就像你知道的那样，酒鬼本身**不是**一个暗物质的候选粒子，不过醉醺醺的邋遢哥又知道什么？

④　多出来的"s"代表超级！

该跟一个电子的质量相同。当然，如果它们确实存在，那么我们可能已经在粒子加速器中找到它们了。如果超对称性是正确的，那也一定是破缺的对称性——这意味着超对称小伙伴的质量很可能比原生的粒子大得多。

比如说中子吧，这些超对称粒子会衰变。质量大的粒子会衰变为较轻的粒子。也许只有最轻的粒子不会再衰变了。通常情况下这种粒子就被称为"最轻的超对称粒子（LSP）"，并被许多人认为是中性微子。如果它存在，则LSP可能就是我们一直在寻找的暗物质粒子。

如果我们不指出一个重要的事实的话就会再次漏了点东西。到目前为止，没有任何的观测证据表明超对称性真的是正确的。这是"标准模型"以外的物理，意味着从技术上来说，不需要描述我们已知粒子物理的任何方面。然而我们在对称性的理论研究方面已经做得很好，并且提供了一个进一步扩大对宇宙认知的机会。

如何寻找它们？

暗物质到底是由LSP还是由其他东西构成的？如果暗物质是由某些WIMP构成的话，发现它们应该会相对容易些，这就是为什么我们很有信心能够在未来几十年中探测到它们。现在我们就已经知道的东西做一个快速回顾。我们知道宇宙中暗物质相当精确的质量密度，所以要有很多质量小但数量多的WIMP粒子或质量大但数量少的WIMP粒子。我们知道，粒子不能太轻——甚至小于质子的质量，因为已经有许多可以制造轻粒子的加速器，却还没有观测到这些轻粒子。

另一个极端的情况是WIMP只能是大质量的，而且仍与宇宙学的观测结果一致。我们已经解释过，在早期宇宙中，WIMP可能是由我们现在所看到的普通物质转化而来的，反之亦然，这十分重要。这给暗物质和普通物质相互作用强度提供了一个下限。这种相互作用的下限也给暗物质粒子的质量设置了上限，这个数值大约是单个质子质量的40 000倍——尽管这一上限比大多数理论预测WIMP质量不超过质子质量的1000倍的结果要大得多。

　　这个游戏的名字是找出暗物质粒子的质量，以及粒子发生相互作用的种类，在此基础上，我们会看到这些数据是否和超对称理论、弦理论，或者别的理论相一致。实际上让暗物质粒子参与实验是困难的，因为它们可以从我们的指缝中轻易穿过。尽管如此，还是有可供选择的测量它们的方法。

1. **我们自己创造它们。**在第四章中，我们花了大量时间讨论，类似希格斯粒子这种大质量粒子如何在粒子加速器中产生，为什么我们不能创造出暗物质粒子？当然，就像与中性希格斯粒子一样，我们不会真的把暗物质粒子放在桌上，但这个想法是很好的。将带有足够能量的粒子互相碰撞，我们迟早会得到WIMP。尽管如此，这种测量质量的方法是在肉眼**看不到**的物质基础上进行的。碰撞过程中丢失的能量就是WIMP的质量。

2. **你正浸身其中。**我们已经一次又一次提到①，我们周围充满着暗物质，但无法直接探测到它们，除非利用引力（单个粒子时可以忽略不计）或弱核力（通常是可以忽略不计的）。不过我们可以弄几桶液体，然后把它们放在装置中不用管它。其中一个主要的反应叫作氙100，用了300磅液态氙。之所以选择氙气是因为它通常不会与其他材料发生反应，并且不发生放射性衰变。这个想法是通过将探测器深埋在地下，并仔细观察是否有宇宙射线穿过，在正常情况下不应该有一丁点儿无法解释的信号产生。

　　当这些容器和探测器就位后，科学家们就坐等暗物质粒子呼啸而过。很多时候，一个暗物质粒子击中一个质子时，质子就会发出辐射，随后被我们检测到。到目前为止，人们还没有看到所谓的暗物质粒子出现，但是下一代探测器预计要敏感得**多**。

---

① 你为什么不相信我们呢？

3. **让宇宙来帮你**。关于WIMP的事实是，它们大量存在[1]，并且在太空中不断飞行。虽然它们之间的相互作用很弱，但还是会有相互作用的。当你把一个WIMP打入反WIMP中会发生什么呢？通常什么都不会发生。它们可能会互相穿过对方。自从时间诞生后，它们就像粒子和反粒子那样作用，会互相湮灭并产生γ辐射。如果我们用望远镜朝正确的方向看去，可以在这些碰撞的地方看到光。

假如我们想观测存在着大质量之处。这种方法的问题是，最明显的观测地点——包括我们所在星系的中心，那里还有很多其他的天体活动（比如物质被吸入黑洞的中心），也会产生高能量的γ辐射。从噪声中挑出真实的信号很困难，到目前为止，还是没有令人信服的检测。

2008年，美国宇航局与美国能源部以及法国、德国、意大利、日本和瑞典合作，共同发射费米伽马射线探测器。这台太空望远镜可以帮助我们探测银河系的中心、星团、潜在的黑洞，以及其他暗物质会出现的地方。

不管喜欢还是不喜欢，暗物质总是会从它们隐藏的地方跑出来的。

质子能够存在多久？

我们在**本书中**喜欢把自己想成是业余的心理学家[2]。假设人们被物理学吸引是因为他们希望或害怕去了解天灾、黑洞以及时间的尽头。路上看到车祸时你可能也会凑个热闹，没错吧？

我们并不想去质疑你的动机，因为无论健康与否，你和我都是一样的。

---

① 看到了吗？不要怕，勇敢点儿。

② 然后我们通常会按时给妈妈打电话（也许是下意识的），所以我们尽量不去做太多的心理分析。

我们已经花了相当多的时间来讨论黑洞的蒸发，这还会花掉未来很多时间。而所谓的热力学第二定律表明，随着时间的推移，宇宙会趋于一个均匀的温度，结构日趋消散，变成完全不适合我们这样的生命生存的宇宙。我们甚至暗示了一个事实：宇宙似乎正在经历一个由暗能量引起的，以指数倍增、永无休止的膨胀状态。它会一直持续，直到宇宙中所有的星系都成为一个个孤岛，与其他部分切断一切联系。宇宙的未来一定不会比这更加糟糕了，对不对？

当你与一个物理学家在一起时，事情总会变得更糟糕。如果我们告诉你，我们怀疑随着时间的推移，物质本身将慢慢蒸发消失呢？

物质的终结

我们知道这真是一个令人沮丧的话题，所以你应该意识到的第一件事是，这不会在一夜之间发生。当我们在讨论星系、黑洞以及物质的消失时，我们讨论的**不是**数百万或数十亿年。我们讨论的时间范围比现在的宇宙年龄还要长几万亿亿倍。不过所有不好的事情一起发生的概率实在太小了，看起来你大可不必担心。

实际上，当我们考虑物质是否会衰变时，其实是指**质子**是否会衰变。我们已经确认，一个中子有一半几率衰变成质子和其他一些东西，但那只是因为中子比质子重一些。质子是重子中最轻的粒子，所以我们希望质子能够持续一段时间。

当被问及质子能够存在多久时，标准模型给我们提供了一个简单明了的回答：永远。它们不会衰变，因为重子的总数应该是固定的。由于质子是最轻的重子，所以无法再衰变为其他的粒子了。

但如果你从本书中学到了一点东西，那就是标准模型不能提供所有的答案。如果可以在一个方向上发生反应，那么相反的方向一样能够发生。我们回到宇宙大爆炸时期的某些时间点上，**必然**存在某些时刻，当时重子是以某种无中生有的方式产生的。我们在第七章中遇到过这个问题，那时我们意识到如果重子和反重子能够完美成对产生，那也会成对湮灭。你能走路、能说话的事实证明重子和反重子互相作用之后有重子剩余。好样的！

这些多出来的重子可能是在大爆炸后约10^{-32}秒的暴胀结束时产生的，这意味着它可能与电弱力和强核力的统一有关。如果重子守恒那时候不成立，那么在某种程度上来说，现在也不会成立。

因此想象一下，你有自己的大统一理论（GUT）。首先我们可能会问，一个典型的质子在你的大统一理论中会存在多久[①]。在每一个理论中，质子最终会衰变为一个正电子和另一个称为π介子的粒子。各种理论之间的主要区别是质子到底能存在多久。这其实是一件好事，意味着如果能求出质子可以存在多久，那我们就找到了一个能判断那个GUT理论是正确的约束条件——或者至少可以排除其中一种。

寻找质子的衰变

一些早期的大统一模型预言质子应该能持续大约10^{31}年。这时间真是够长的了。比宇宙年龄还要大得多，所以你可以假设这些物理学家们只是随便挑一颗长命的质子——反正没有人能活得那么久，以此保留他们的诺贝尔奖的支票吧。

不过万幸的是，我们并非只能把一个质子放在桌上，然后慢慢看着它衰变。20世纪80年代，研究人员认识到需要建立一个庞大的、充满超纯水的地下游泳池来进行实验[②]。构建这些实验的主要目的是借助仪器观察游泳池中是否有质子会发生衰变。如果发生了，衰变中产生的带电粒子会透过容器并发出辐射，并被放置在一边的探测器检测到。由于有**大量的**质子存在，如果我们观察的时间足够长，总会有一颗质子会被检测到衰变的。

我们在第三章中讨论宇宙随机发生器时曾看到过类似的情形。假设一个

①　呵呵，你以为我们打算拿打嗝开玩笑吗！不可能。（GUT也作肠道。——译注）

②　从另一角度来看这个实验，超级神冈水箱的体积比一个奥运会的泳池容积大10倍左右，而这一切都要在地下约1千米进行。这是为了保护它防止受到诸如宇宙射线等其他各种错误信号的干扰。

质子的寿命是10^{31}年。这如同每年宇宙随机发生器用10^{31}面的骰子对应反应池中的每个质子投掷一次。如果投掷出点数1，相应的质子就会衰变一次。在日本大阪的茂住矿井下的超级神冈仪器，坚持做这个实验已经25年了，至今仍没有检测到一个信号。

这意味着我们大大低估了我们骰子的面数。相反，我们不断增加面数却**没有**看到一个成功的衰变。我们不仅排除了一些早期理论，还知道质子的寿命至少有10^{34}年。

质子极其缓慢的衰变对我们来说是个好消息，因为这表明我们不会瞬间自燃成高能粒子。另一方面，它对于一些GUTs而言也可能是潜在的一个坏消息，这意味着这些理论将会被否定。现在，越来越少的物理模型与不断增加的质子最低寿命这一结果相吻合，但在这些理论中，许多关于质子的寿命的猜测是处于10^{35}年这一数量级的。假设我们很想逼近这个极限，有没有可能很快做到？当然，另一种选择就是回到黑板前继续推导我们的大统一理论吧。

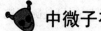 中微子有多重？

在谈到可能成为暗物质粒子的候选人时，我们引入但又很快排除了中微子作为暗物质粒子的可能。因为它"太轻了"。如果问中微子实际上有多重，我们便开始坐立不安了。事实很简单，我们根本就不知道，而且在很长一段时间内我们甚至认为中微子是无质量的。这并不对，实际上我们得到的第一个关于中微子有质量的线索几乎是意外发现的。

自然界中的中微子工厂

中微子是卑鄙的小坏蛋。因为它们只参与弱核力的相互作用，我们无法测量它们的质量，又因为它们是电中性的，我们不能通过电磁场来捕捉它们。但我们**可以**在核反应堆中获得中微子，自然界中的反应堆（也就是星系）使得中微子含量丰富。

我们先来讲个故事。大约16万年前，大麦哲伦云星系附近有一个超新星发生爆炸。由于光传播到地球需要时间，我们在1987年看到了爆炸——这是人类历史上最壮观的天文事件之一。爆炸中大量的中微子随着辐射被释放出来——它们的数量大到足够到达地球。幸运的是，我们安装了大型探测器去探测它们，与此同时，从爆炸发出的光中，检测到中微子的一个峰。换句话说，它们也随着辐射传播到地球，如果不是光速，那么也接近光速，足够让我们测量。这是最新的证据，这表明：中微子不是没有质量的，但它们很轻，甚至要用亚原子粒子的数量级来衡量。

似乎我们只是碰巧手上有中微子探测器，并在1987A号超新星毁灭前探测到中微子。事实上运气的成分其实很小，尤其是当我们描述一些中微子探测器外形的时候，听起来是不是很熟悉？它们应该和装满超纯水的巨型地下水池一样。许多检测质子衰变的实验设施通常和中微子观测站一样肩负着双重使命[1]。

我们不能预测一个超新星何时毁灭，所以把全部希望寄托在一个探测器能捕捉到中微子的策略看起来是很糟糕的。幸运的是，超新星并不是唯一产生中微子的方法。我们的太阳产生中微子的数量同在它热核反应中产生的光子数相当，只不过观测到光子产生的现象更明显。

中微子的探测已经进行了一段时间。到20世纪60年代，人们对捕捉来自太阳的中微子很有兴趣，所以布鲁克黑文国家实验室的雷蒙德·戴维斯和加州理工学院的约翰·巴考尔领导建立了（你懂的）一个巨大的地下游泳池。南达科塔的霍姆斯特克实验在一个废弃的金矿里建立了一个大水箱，里面装满了10万加仑的清洁液[2]。一个中微子击中一个氯原子，将氯转变为氩气，氩气随后衰变并发出光。还有比这更简单的办法吗？

---

① 或者其实是一个任务，因为质子衰变实际上到目前为止仍然没有被探测到。

② 我们喜欢全氯乙烯发出的醉人香气，但在必要时你也可以使用四氯乙烯。它仍然能吸引你的中微子，并且你的客人永远也区分不出它们。

唯一的问题是探测器没有给出预期的实验结果。巴考尔预言的中微子数约是在霍姆斯特克的实验中检测出来的两到三倍。随后用纯水替代清洁液的实验结果大多同之前的一样。

肯定有人以某种手段**偷**走了大量的中微子！不过是谁干的呢？

非著名"中微子大盗"

在中微子世界中确定小偷的身份

如果在你了解第四章中粒子的点将录后会发现，我们被欺骗了。有3种不同的中微子——电子、μ子和τ子。我们其实还没有真正区分不同类型的粒子，但在核聚变中产生的粒子是电子中微子，因为电子也有参与聚变过程。早期的中微子探测器只能测量电子中微子，而对其他两种中微子粒子基本上无能为力。也许"失踪"的中微子不知何故（或许是魔术）由电子中微子变成了别的东西。

物理学的美①在于我们可以利用不同的思想去统一和解释看似完全无法理解的事物。来看看以下三条貌似互不相关的想法吧：

---

① 请注意，我们从来不说**物理学家**的美。那样会更难证明。

1. 通常我们认为同种粒子——比如向上自旋的电子和向下自旋的电子，可以在某些情况下表现得完全像是两种不同的粒子。反之亦然。两种不同的粒子可以在某些情况下表现相同。例如，质子和中子在只有强相互作用时特性几乎相同。如果差异足够大，我们就称它们是两种不同的粒子，如果差异很小（例如与向上自旋和向下自旋的电子），我们就称为同种粒子的两种不同状态。

2. 许多粒子不在某个特定的状态中；它们是两个甚至更多不同状态的结合。我们在第三章中谈到建立一个电子，检测到它的自旋方向朝上或朝下完全是随机的。换句话说，它是一个向上自旋和向下自旋同时进行的组合，当我们观察电子时，它们被检测到的概率是相等的。量子力学到处充斥着粒子在同时做（看似）互斥却又统一的事。

3. 粒子具有波动性。回到第二章中，在告诉你这一结论的同时，我们忽略了一些现在看来可能很有帮助的细节。如果"波"在两种不同状态中振荡，哪种状态能量更高，粒子的振动现象就越强烈。

让我们把所有这些想法集合起来，并得到一个令人震惊的（但正确的）信仰的飞跃：不同类型的中微子可以相互间转换。

通过实验我们知道中微子有三种不同的类型：一个与电子相互作用，一个与μ子相互作用，一个和τ子相互作用。正如我们所认为的一样，电子是由向上自旋的电子和向下自旋的电子结合而成的，所以我们也可以类似地去考虑中微子。假设有三种**不同的**中微子，并根据质量从小到大分别编号为1、2和3。

1号中微子主要由电子中微子，以及大量的μ中微子和少量的τ中微子结合而成的。2号中微子是一个**不同的**组合，3号中微子也是一个不同的组合。

称它们为三种不同的粒子，还是同种粒子处于三种不同的状态都没有关系。重要的是中微子不会每次都以同样的方式被我们观察到。这个概念被称为中微子振荡，因为中微子振荡在电子、μ介子，或τ子三个身份间做变换。

精彩的一幕出现了：只有当中微子有质量时，才会发生中微子振荡，并且不同的中微子质量也不同。从量子力学来看这一理论将直接不成立。如果不同中微子的质量相同的话，那么不同状态之间的能量就会成为零（$E=mc^2$这一公式又起作用了！），中微子也就不可能发生振荡，我们也不会观察到这些现象。

测量质量

原则上确定中微子是否振荡，以及中微子有质量相对来说是比较简单的，但实际做起来却没那么容易，因为实验环境不允许有杂质的存在。

1. 找一片大气，并不断用宇宙射线进行轰击。幸运的是，我们有这样的实验条件。宇宙射线会轰击空气分子并（在其他物质中）产生反μ子中微子和反电子中微子。

2. 在地下深处造一个大的超纯水容器并埋有探测器。因为我们知道无论如何质子都会衰变，我们也可以满足这些实验条件。

3. 算一下反μ子中微子和反电子中微子的数量，看看自己是不是算对了。

如果中微子真的有质量，那么通过探测器对气体的探测，应该可以发现有许多的反μ子中微子会变成反电子中微子，中微子探测器也能够检测出我们可能期望的质量亏损。

1998年，这个实验终于有所发现，超级神冈实验第一个发现中微子振荡的明确迹象，因此，中微子是有质量的。随后的实验证实了这一现象并提出对中微子的质量范围的更严格的限制。

正如你想象的那样，我们还是有一些难题需要去解决的。首先，这些实验并不只测量中微子的质量——它们还测量了三种类型的中微子之间的内在混合粒子的质量，比如一号中微子中反μ子中微子的数量。标准模型完全**没有办法**告诉我们为什么中微子的粒子混合比例是那样的，以及幸运的是，中微子的确是那样混合的。否则，要测量中微子粒子混合起来的事实是相当困难的。

第二个难题是，我们根本不清楚为什么中微子有质量这一事实。标准模型本来没有预测的中微子质量，而且最近有大量的粒子物理教材认为中微子没有质量。但事实上它们有质量，但质量为什么这么小？目前对于任意一种中微子，我们认为其质量**上限**比次最轻的基本粒子——电的质量小大约100万倍。我们仍然没有答案，也没有任何办法去测量其他中微子的质量。

第三个难题是，实际上我们并没有从这些实验中得出中微子的质量。由于数学可以计算出质量来，我们只是测量不同类型的中微子之间的质量差的平方。如果我们能够找出其中一种中微子粒子的质量，利用数学方法求出其他两种中微子粒子质量也就容易多了。

接下来的20年里我们的目标是要找出中微子粒子的绝对质量，为了做到这一点，我们需要直接测量任意一种中微子的质量。目前在德国正在建设一个叫KATRIN的实验，希望能直接测量电子中微子的质量。

实验的设计相对比较简单。你用一大桶的氚开始实验[①]。氚是氢原子相对罕见的一种同位素，由一个质子和两个中子构成。它的结构不稳定，一段时间后，氚就会衰变成氦3，但重要的是，它也产生了一个电子（这很容易检测）和一个反电子中微子，它们的存在和能量可以作为一个推断。因为我们可以检测衰变释放的总能量，可以知道转化到电子中的能量，因此我们**知道**其余的能量都必须存在于中微子里。我们已经观察了大量的衰变现象，所以可以测量出中微子中存在的最小能量值。这个能量值必须满足质能方程 $E=mc^2$，最后求出中微子的质量。通过这个实验和它的后续工作，我们能够测量出电子中微子的质量大约不到电子质量的0.04%。

目前还有什么是我们无法很快知道的？

宣告"物理学的末日"即将到来有着悠久的历史。这似乎是在20世纪初出现的情况，那时麦克斯韦已经成功地描述了电和磁，并且牛顿的万有引力似乎描述了一切。随后量子力学和相对论被发现，我们好像比以往任何时候都能够更好地把物理统一成一张整齐的、简单的宇宙完整视图。我们现在仍然受到20世纪早期发现的影响，尽管已经描述得很详细了，但量子世界仍有一些奥秘有待于我们去解开。

很重要的一点是，我们太容易满足于前人的研究发现而不思进取。粒子物理的标准模型描述了单个粒子和它们的相互作用，但需要4种不同的力

① 只有在物理世界里你才可以把收集一大管子放射性气体认为是一个相对简单的设计，而且对此不屑一顾。

学定律，并且加上20多个自由参数去描述。宇宙学标准模型描述了宇宙的历史，甚至给出了一段合成时期之前——暗黑时代貌似合理的历史。但所有这些成就后面却隐藏着警告。我们不能令人信服地将引力与其他作用力统一起来——即使现在能够很好地单独描述它们。在很多情况下，我们甚至不知道那些是什么参数。

我们想知道更多的答案，但在这些问题中物理学家并没有达成一致意见，甚至连产生共识的希望都没有。我们最关注的是：

弦理论是对的还是错的，或者既不是对的也不是错的？

你朝四面八方看去，这些方向在空间中似乎都是合理存在的。当然，多余的维度也有着和牙仙、菲尔博士的博士学位一样的烦恼；你看不到它们并不意味着不存在。

在本书中，我们利用一些机会引入了"弦理论"的观点。它几乎是针对所有困扰物理学问题的灵丹妙药。弦理论想象所有的粒子基本上是完全相同的，只是一条条细长的"弦"。它被称为是能解释一切事物的理论（TOE），这意味着（如果它是正确的）广义相对论和强核力、弱核力和电磁力将统一成一个单一的理论。我们希望在一些弦理论模型中，对暗物质和暗能量（这是宇宙呈指数膨胀的源头）令人信服的解释会自然而然成立。

但事情绝非想象的那么容易。现在的弦理论认为宇宙具有10个维度，再加上时间。为了了解这些额外维度可能的样子，我们想象一个空中飞人在钢丝上来回走动的情形。优哉游哉的观察者会说表演者的运动被限制为只能前进或后退，没有其他选择[①]。一些看到绳子的观众甚至可能认为钢丝没有厚度，而且会被误导，认为钢丝的直径是无穷小的（如果他们真的是土包子的话）——这是一个真实的一维结构。

---

① 我们假设他是个很好的杂技演员，暂时排除了他掉下来的选择。

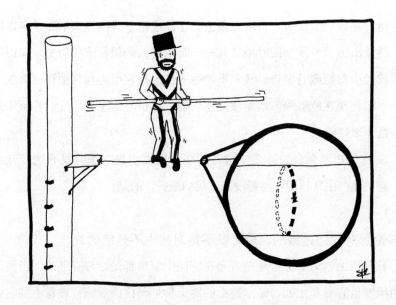

　　一只蚂蚁沿着绳索走可不会有这样的想法。它不光能沿着绳子向前和向后爬，当然，它也能**绕**绳子走（相当于弦理论中的一个隐藏维度。有些维度）也许会多达7个，相当之紧密。我们可能不会注意到这些紧密的维度，因为我们被限制，只能生活在高维宇宙中的三维膜里。

　　这些微小的维度其实发挥着重要的作用，因为量子力学是这一理论的主角。如果有一根闭弦包裹在一个小维度里会怎么样？我们在第二章中看到，如果你把一个粒子放进一个小盒子（或一个小维度）里，粒子会获得额外的能量。我们通常通过观察粒子跑来跑去来表示能量。唯一的问题是，它**无法跑来跑去**。这意味着通过伟大的质能公式$E=mc^2$，我们可以知道这些额外的能量将转换为粒子的质量。

　　问题是这些能量甚至比在LHC中产生的还要大10^{16}倍左右。换句话说，在很长的一段时期内，这种理论能够被实验证明的前景十分黯淡。

　　尽管有相反的流行说法，但理论从未被科学证实过。我们所接受的当作"真理"的科学理论不过是未被实验证伪的理论。一个好的科学理论的标志是，它的支持者需要提供一个或多个实验去检验它可能会是假的。这个概念被称为"可证伪性"，由科学哲学家卡尔·波普尔提出并成为现代科学的核心。这恰恰就是所谓的"智能设计"的主要缺陷。你不能简单地宣称你提出的理论是正确的，即使它解释了目前所有观察到的现象。作为家庭作业的一部分，你需要提供一个实验——最好是多个实验，当这些实验否定你的理论时，你不得不承认你错了，而智能设计却做不到这一点。

弦理论在这点上怎么样呢？考虑几本最近的畅销书，比如《连错都不算》（*Not Even Wrong*）（彼得·沃特）或《物理的麻烦》（*The Trouble with Physics*）（李·斯莫林），它们的核心观点都认为弦理论与标准模型是一致的。实际上来说没有实验能够去**证伪**弦理论。问题是弦理论并不是唯一版本的理论。斯莫林估计有多达10^{500}个可能存在的弦理论，多到连《芝麻街》的伯爵①都要去重新考虑他的职业选择。

我们看起来有这么多可能的选择，只要对弦理论进行微调就能满足物理定律中的每种可能。这和我们所希望的恰恰相反。理想的情况是，我们要的是一个基本的物理规律，它不仅能描述我们已知的物理定律，而且不用去对它们进行微调。

综上所述，关于弦理论我们其实并没有一个明确的想法，因此更不用说如何去真正检测它们。就像斯莫林说的那样："我们无法通过当前可行的实验得到一个明确的证实或证伪。"我们愿意打赌，距离最终用实验来验证我们宇宙的维数的日子还远着呢。所以即使我们不是生活在一个三维的宇宙中，你也得该干嘛就干嘛去。

什么是暗能量？

通过观察，宇宙中似乎存在一种看不见的，但却在推动宇宙指数膨胀的"暗能量"。标准模型甚至提供了一些符合暗能量所有特性的候选人。正如我们所见的那样，这被称为"真空能"，现在真正的问题是我们理论预测的暗能量的数目比我们观测到的要多10^{100}倍。如果认为暗能量是0——一个"自

---

① Count Von Count是《芝麻街》中的一个角色，他是一只滑稽的吸血鬼，但令他饥渴的不是鲜血，而是数字。他对任何东西都喜欢数一下。——编注

然的"数，我们就可以搞定。但这种差异只是让我们更犹豫。最大的问题之一是弦理论和量子引力必须做**非常**精细的调整，以产生我们所了解暗能量的密度。在我们看来，成功的万物理论的首要测试之一是：能够自然地得出暗能量的能量密度。

所谓的自由参数是什么？

为了描述主宰物理的一般原理，我们掩盖了一个事实：很多数字都是我们手动添加进去的。最自然的数只是那些物理常数，这意味着如果不知道怎么办才好时，我们希望所有的粒子都是普朗克质量或者彻底没有质量。可惜它们并非如此，所以你可能会问，为什么一个电子的质量比普朗克质量小那么多，为什么中微子的质量比普朗克常量小那么多。我们不知道为什么电子带有电荷，还有，此刻为什么强核力的强度如此巨大。

除了那些比例，还有大量的参数被引进了标准模型中，并且更多的参数被引进了弦理论。比如，我们提到的不同种类的中微子可以互相转换，并且有一个混合因素告诉我们，这个转换发生的概率是多少。这些数字来自哪里？没有人知道。总之，仅在标准模型中就至少有20个自由参数。这些数字就我们的基本理论来说，意味着一切。

我们希望在最终版的万物理论里，所有的自由参数将最终由理论决定。但会是这样吗？在上一章中，我们讨论了在早期宇宙中出现智慧生命的条件。可能真的是在不同的宇宙中参数互不相同。在这种情况下，我们永远不会找到基本参数的值为什么会是这么大的更深层的原因。我们对此深感不满，并希望上面所讲的不是事实。

当然，我们可能是错的。

这个列表并不详尽。物理之所以美的原因之一在于：不管你目前为止已经解决了多少问题，总是会出现一个需要你马上关注的新问题。解决的问题越多，发现的问题也更多。**我们的**传统方式，往往是管中窥豹，并尽力把所有图像拼接在一起而已。

① Free既可以理解为自由，又可以理解为免费。——译注

深度阅读

尽管竭尽所能，但我们知道自己可不是仅有的写此类科普读物的作者。接下来，我们将列举一些写本书时发现的特别有用的参考资料。

Abbot, Edwin A. *Flatland: A Romance of Many Dimensions*. London, 1884. 这是一个关于二维或者一维生物长什么样，以及高维生物如何生存的经典故事。

Adams, Douglas. *Hitchhiker's Guide to the Galaxy*. New York: Harmony Books, 1979.

Bryson, Bill. *A Short History of Nearly Everything*. New York: Broadway Books, 2003. 作者更侧重于经典物理学，讲述科学背后伟大故事的概要。我们在这里向他书中"借"了许多的轶事。

Davies, Paul. *How to Build a Time Machine*. New York: Viking, 2002.

Gamow, George. *The Great Physicists from Galileo to Einstein*. New York: Dover Publications Inc., 1988.

Gott, J. Richard III, *Time Travel in Einstein's Universe*. New York: Houghton Mifflin, 2001. 这是一本关于实用的时间机器结构的必读读物。我们在第五章中描述了Gott基于宇宙弦的时间机器。

Greene, Brian. *The Fabric of the Cosmos*. New York: Alfred A. Knopf, 2004. 这是一份非常棒的关于现代宇宙学的概要，特别着重描述了弦理论。

Gribbin, John. *In search of Schrödinger's Cat: Quantum Physics and Reality*. New York: Bantam, 1984.

"A Little Bit of Knowledge." *This American Life*. WBEC Chicago, July 22, 2005.

Mlodinow, Leonard. *The Drunkard's Walk: How Randomness Rules our Lives*. New York: Pantheon, 2008.

Paulos, J.A. *Innumeracy: mathematical illiteracy and its Consequences*. New York: Hill and Wang, 2001.

Rees, Martin. *Before the Beginning*. New York: Perseus Books, 1998. 本书中不仅包括了关于平行宇宙（第二章）、多重宇宙（第七章）以及时间起点的精彩论述，也给出了关于量子力学耳目一新的漂亮解释。

Rothman, Tony. *Everything's Relative and Other Fables in Science and Technology*. NewJersey: Wiley, 2003.

Sagan, Carl. *Contact*. New York: Simon & Shuster, 1985.

Smolin, Lee. *The Trouble with Physics: The Rise of String Theory, the Fall of Science, and What Comes Next*. New York: Mariner Books, 2007.

Smolin本身是弦理论专家，这本书既可以作为入门读本，也提出了一些尖锐的批评。

Stevenson, Robert Louis. *The Strange Case of Dr. Jekyll and Mr. Hyde*. London: Penguin, 2002.

Thorne, Kip S. *Black Holes and Time Warps: Einstein's Outrageous Legacy*. New York: Norton, 1993.

Tyson, Neil deGrasse. *Death by Black Hole: And Other Cosmic Quandaries*. New York: Norton, 2007.

Vilenkin, Alex. *Many Worlds in One*. New York: Hill & Wang, 2007. 这是一本关于宇宙进化的很有意思的书，里面包括了Vilenkin提出的宇宙模型的描述。

Weinberg, Steven. *The first three minutes: A Modern View of the Origin of the Universe*. New York: Basic Books, 1977. 一幅关于宇宙大爆炸的观点的经典图画，尽管在过去的30多年中，这个故事不断地丰富，但Weinberg的描绘依然精准而且直观。

Woit, Peter. *Not Even Wrong: The Failure of String Theory and the Search for Unity in Physical Law for Unity in Physical Law*. New York: Basic Books, 2007. 标题浅显易懂，并且Woit推出了同名博客。

技术性阅读

"技术性"意味着只有专家（或者受虐狂）才会得到享受。

狭义相对论

Einstein, Albert. "On the Electrodynamics of Moving Bodies." *Annalen Der Physik* 17 (June 30, 1905): 891—921. 这是一项经典的论文，爱因斯坦在这篇文章里提出了狭义相对论。

Galileo. *Dialogues Concerning Two New Sciences*. Trans. Henry Crew and A. de Salvio. New York: Dover Publications Inc., 1968. 伽利略的《对话》相对其他而言是一项开创性的工作。他认为地球绕着太阳转，而不是其他的方式。这也是"伽利略相对论"概念的起源——没有任何实验可以区分静止或匀速运动。

量子

Barrett, M.D., Chiaverini, J., Schaetz, T., Britton, J., Itano, W.M., Jost, J.D., et al. "Deterministic Quantum Teleportation of Atomic Qubits." *Nature* 429 (2004): 737. 最早的关于实现单个原子的瞬移的文章之一。

Bohm, David. "A Suggested Interpretation of the Quantum Theory in Terms of 'Hidden' Variables, I and II," *Physical Review* 85 (1952): 166—193.

Bouwmeester, D., Pan, J-W, Mattle, K., Eibl, M. Weinfurter, H. and Zeilinger, A. "Experimental Quantum Teleportation." *Nature* 390 (1995): 575—579. 关于光子的瞬移的第一篇文章。

Crisp, M.D. & Jaynes, E.T. "Radiative Effects in Semiclassical Theory", *Physical Review* 179 (1969): 1253. 这是几篇表明爱因斯坦著名的"光电效应"

并不能真正证明，光必须由被称为光子的粒子所组成的论文之一。

Einstein, Albert. "On a Heuristic Viewpoint Concerning the Production and Transformation of Light." *Annalen der Physik* 17 (1905):132—148. 爱因斯坦的研究显示，光的表现像粒子（参见之前的有趣的附录）。正是因为这项工作而不是相对论，爱因斯坦获得了1921年度诺贝尔物理学奖。

Everett, Hugh. "'Relative state' formulation of quantum mechanics." *Review of Modern Physics* 29 (1957): 454—462. 在本文中，Everett介绍了"多个世界"的量子力学解释。我们将在第五章继续这个话题。

Feynman, Richard P. "The Space-Time Formulation of Nonrelativistic Quantum Mechanics." *Review of Modern Physics* 20 (1948): 367—387. 费曼发展了他在量子力学中的"路径积分"理论，在这个理论中粒子会有各种可能的轨迹。

Goldstein, Sheldon. "Bohmian Mechanics", *The Stanford Encyclopedia of Philosophy* (Fall 2008 Edition), Edward N. Zalta (ed.), http://plato.stanford.edu/archives/fall2008/entries/qm-bohm/.

Heisenberg, Werner. "Über den anschaulichen Inhalt der quantentheoretischen Kinematik und Mechanik." *Zeitschrift für Physik* 43 (1927): 172—198. 第一次提出海森堡"不确定性原理"。

Huygens, Christiaan, *Treatise on Light,* Trans. Silvanius Thompson. Chicago: University of Chicago Press. 1678.

Riebe, M., Häffner, H., Roos, C.F., Hänsel, W., Ruth, M., Benhelm, J., et al. "Deterministic Quantum Teleportation with Atoms." *Nature* 429 (2004): 734—737. 正如标题所示，这是关于单个原子第一次的实验性瞬移。

Schrödinger, Erwin. "Die gegenwärtige Situation in der Quantenmechanik." *Naturwissenschaften* （November, 1935）. 在这篇短文里，薛定谔提出了著名的薛定谔的猫的实验。

Tonomura, A. Endo, J. Matsuda, T., Kawasaki, T. & Exawa, H. "Demonstration of single electron buildup of an interference pattern." *American Journal of Physics* 57 (1995): 117. 利用单个电子的"双缝"实验。

Vaidman, Lev. "Many-Worlds Interpretation of Quantum Mechanics", *The Stanford Encyclopedia of Philosophy* (Fall 2008 Edition), Edward N. Zalta (ed.), http://plato.stanford.edu/archives/fall2008/entries/qm-manyworlds/.

Zee, A. *Quantum Theory in a Nutshell*. Princeton: Princeton University Press, 2003. 对物理学家而言非常不错的量子场论的技术介绍。

随机性

Aspect, Alain, Grangier, Philippe, and Roger, Gerard. "Experimental Realization of Einstein-Podolsky-Rosen-Bohm Gedankenexperiment: A New Violation of Bell's Inequalities." *Phys. Rev. Lett.* 49 (1982): 91. Aspect和他的合作者证明了爱因斯坦的量子力学解释是错误的。宇宙在量子水平确实是随机的。

Bell, J.S. "On the problem of Hidden Variables in Quantum Mechanics." *Review of Modern Physics*. 38 (1966): 447. Bell推出了他的不等式。

Bennett, C.H., Brassard, G., Crepeau, C., Jozsa, R., Peres, A. and Wootters, W. "Teleporting an Unknown Quantum State via Dual Classical and EPR Channels." *Phys. Rev. Lett.* 70 (1993): 1895—1899. 这是关于我们如何建立一个实用的瞬移装置理论的发展。

Greenstein, G. *The Quantum Challenge: Modern Research on the Foundations of Quantum Mechanics*. 2nd ed. New York: Jones and Bartlett, 2005. 这是一本描述现代量子力学的许多重大问题和实验的非常好的本科层次的教材。

Einstein, A., Podolosky, B. & Rosen, N. "Can a quantum mechanical description of physical reality be considered complete?" *Phys. Rev.* 47 (1935): 777. 这篇论文介绍了著名的"EPR悖论"。

Le Treut, H., R. Somerville, U. Cubasch, Y. Ding, C. Mauritzen, A. Mokssit, T.

Peterson and M. Prather, 2007: Historical Overview of Climate Change. In *Climate Change 2007: The Physical Science Basis. Contribution of Working Group I to the Fourth Assessment Report of the Intergovernmental Panel on Climate Change.* [Solomon, S., D. Qin, M. Manning, Z. Chen, M. Marquis, K.B. Averyt, M. Tignor and H.L. Miller (eds.)]. Cambridge University Press, Cambridge, United Kingdom and New York, NY, USA.

标准模型

Blaizot JP, Iliopoulos J, Madsen J, Ross GG, Sonderegger P, Specht HJ. "Study of Potentially Dangerous Events During Heavy-Ion Collisions at the LHC" CERN. Geneva. CERN-2003-001.

Ellis, John, Giudice, Gian, Mangano, Michelangelo, Tkachev, Igor, & Wiedemann, Urs. "Review of the Safety of LHC Collisions," CERN Technical Document: CERN-PHTH/2008-136, 2008. 最新的关于LHC产生黑洞、奇异子或者更糟情况的可能性的内部回顾。

Nostradamus, Michel. *Traite des fardemens et des confitures.* (1555, 1556, 1557).

Overbye, Dennis, "Asking a Judge to Save the world, and Maybe a Whole Lot More," *New York Times*, March 29, 2008. 这是许多关于公众试图阻止LHC的例子中的一个，因为他们觉得这玩意对世界有危险。

http://www.thepetitionsite.com/1/the-LHC

Rutherford, E. "The scattering of alpha and beta Particles by Matter and the Structure of the Atom." *Philos. Mag.* 6 (1911): 21. Rutherford发现了原子核。

时光旅行

Einstein, Albert. "Die Grundlage der allgemeinen Relativitätstheorie." *Annalen der Physik* 1916: 49. 这是最早关于广义相对论的论述。

Feynman, Richard P., Leighton, Robert B., and Sands, Matthew. *The Feynman Lectures in Physics*. New York: Addison Wesley, 1971. 1962年，理查德·费曼针对加州理工的新生做了一系列的讲座，这些讲座囊括了所有已知的物理基础知识。这些演讲涉及的知识水平远远超过了它的目标受众，从某种意义上说，有点儿误导学生。不过高年级学生、一些大众读者、教师研究员也参加了讲座。这些讲座和后续出版的书，对于一个有数学基础但又需要训练物理直觉的物理学家来说，不啻是最有趣的学习材料。

Ghez, A.M. et al. "The First Measurement of Spectral Lines in a Short-Period Star Bound to the Galaxy's Central Black Hole: A Paradox of Youth." *Astrophysical Journal* 586 (2003): 1127—1131. 这是最早的关于在银河系中心明确测量黑洞的实验之一。*One of the first definitive measurements of the black hole at the center of our galaxy*.

Gott, J. Richard III & Freedman, D. "A Black Hole Life Preserver." http://arxiv.org/abs/astro-ph/0308325 (2003). 在本文中，Gott和Freedman告诉我们，当你掉进黑洞，从开始感觉到轻微的不舒服直到被撕裂大约间隔0.2秒。

Gott, J. Richard III, and Freedman, D. "Closed timelike curves produced by pairs of moving cosmic strings: Exact Solutions." *Physical Review Letters* 66 (1991): 1126—129. 这篇技术性论文描述了"Gott时间机器"。他尽量不用方程来阐述自己版本的"爱因斯坦宇宙的时空旅行"。

Hawking, S. W. "Black hole explosions?" *Nature* 248 (1974): 30.

Hawking, S.W. (1992), "Chronology protection conjecture." *Phys. Rev. D.* 46 (1992): 603. 霍金认为，物理定律不允许出现"闭合类时曲线"——即时间机器。而Gott和Li（见大爆炸这一章）表明，事实上广义相对论允许有这样的解决方案。

Matson, John. "Fermilab Provides More Constraints on the Elusive Higgs Boson." *Scientific American*, March 13, 2009.

Morris, M.S., Thorne, K.S. & Yurtsever, U. " Wormholes, time machines, and the weak energy condition ." *Phys. Rev. Letters* 61 (1988): 1446. Morris和他的同事开发了一个基于虫洞的时间机器模型。Thorne用非专业术语这样描述道，"黑洞与时间弯曲：爱因斯坦令人惊讶的遗产"。

Novikov, I. D. "Time machine and self-consistent evolution in problems with selfinteraction." *Phys. Rev. D* 45 (1992):1989—1994. 虽然这不是关于Novikov定理的原始描述，不过他用本文回顾了许多时间机器保持历史一致性的例子。

Pound, R. V., Rebka Jr. G. A. "Gravitational Red-Shift in Nuclear Resonance." *Physical Review Letters* 3 (1959): 439—441. 这是一个在地球表面验证广义相对论的实验。

Schödel, R. et al. "A star in a 15.2-Year orbit around the Supermassive Black Hole at the Centre of the Milky Way." *Nature* 419 (2002): 694—696. 这是最早的关于在银河系中心测量黑洞的实验之一。

膨胀的宇宙

Akerib, D.S. et al. "Exclusion Limits on the WIMP-Nucleon Cross-Section from the First Run of the Cryogenic Dark Matter Search in the Soudan Underground Lab". *Phys. Rev. D* 72 (2005): 052009.

Asztalos, S., et al. "Large-scale microwave cavity search for dark-matter axions". *Nucl. Instr. Meth.* A444 (1999): 569. 这是一个关于轴子暗物质实验ADMX的描述。

Bondi, Hermann. *Cosmology*. Cambridge: Cambridge University Press, p. 13. 1952. 这是"宇宙学原理"公认的第一次使用。

Bradac, Marusa, et al. "Strong and Weak Lensing United. III. Measuring the Mass Distribution of the Merging Galaxy Cluster 1ES 0657-558." *Astrophysical Journal* 652 (2006): 937—947. Bradac和她的合作者做了一个所谓"子弹星团"的引力透镜分析。在这个实验中，他们证明那团物质对重子的质量毫无贡献。许多人（包括我们）认为这是第一次检测到暗物质。

Casimir, H.G.B. "On the attraction between two perfectly conducting plates." *Proc. Kon. Nederland. Akad. Wetensch.* B51 (1948): 793.

Copernicus, Nicolaus. *On the Revolutions of the Heavenly Spheres.* Trans. Abbot Newton. New York: Barnes & Noble, 1976. 哥白尼推测地球是绕着太阳转的。这点后来被伽利略证明并且由牛顿给出了最终解释。时至今日，"哥白尼原理"（广泛地）代表了这样一种看法：地球（或人类）在宇宙中的位置并不特殊。

Cornish, Neil, Spergel, David, & Starkman, Glenn. "Circles in the Sky: Finding Toplogy with the Microwave Background Radiation." *Classical Quantum Gravity* 15 (1998): 2657—2670. 这项工作研究了宇宙是一个超大的空间环的可能性——就像一个圆环。通过寻找"天空中的圆环"（然而我们找不到），研究小组表明如果宇宙是一个圆环，那么它的尺寸比现在的视界要大得多。

Hinshaw, Gary, et al., "Five-Year Wilkinson Microwave Anisotropy Probe (WMAP) Observations: Data Processing, Sky Maps, and Basic Results." *Astrophysical Journal Supplement* 180 (2009): 225—245. WMAP卫星观测着宇宙中的"背景辐射"，从而告诉我们一幅宇宙早期模样的图案。它惊人地证实了我们的标准宇宙学模型。这是关于该工作的最新数据发布。

Lense, J. and Thirring, H. "Über den Einfluss der Eigenrotation der Zentralkörper auf die Bewegung der Planeten und Monde nach der Einsteinschen Gravitationstheorie. Physikalische." *Zeitschrift* 19 (1918): 156—163. "On the Influence of the Proper Rotation of Central Bodies on the Motions of Planets and Moons According to Einstein's Theory of Gravitation." "Lense-Thirring效应"被广义相对论所预言，并被重力探测器B卫星所观测到。该效应大致是说，一个旋转的大质量的物体会拖着空间转动。

Mach, Ernst. *The Science of Mechanics: A Critical and Historical Account of It's Development.* LaSalle, Ill.: Open Court, 1960.

Perlmutter, Saul, Turner, Michael S., and White, Martin. "Constraining dark energy with SNe Ia and Large-Scale structure." *Phys. Rev. Lett.* 83 (1999): 670. 这是第一次直接测量宇宙的加速，基于此，我们知道宇宙充满了"暗能量"。

Rainse, D.J. "Mach's Principle in General Relativity." *Monthly Notices of the Royal Astronomical Society* 171 (1975): 507.

Riess, Adam G., et al. "Observational Evidence from Supernovae for an Accelerating Universe and a Cosmological Constant." *Astronomical Journal* 116 (1998): 1009–1038. 确切地说，Riess的团队抢在Perlmutter之前，完成了第一次加速宇宙的观测实验。

Rubin, Vera & Ford, W. Kent, Jr. "Rotation of the Andromeda Nebula from a Spectroscopic Survey of Emission Regions." *Astrophysical Journal* 159 (1970): 379. 它们的旋转速度，意味着我们得到了星系中存在暗物质的第一个证据。

Rutherford, Ernest. "Bakerian Lecture: Nuclear Constitution of Atoms." *Proc. Roy. Soc. A* 97 (1920): 374. 这是最早提出超对称想法的讨论之一。

Schmidt, Brian, et al. "The High-Z Supernova Search: Measuring Cosmic Deceleration and Global Curvature of the Universe Using Type Ia Supernovae." *Astrophys. J.* 507 (1998): 46. 另一个关于超新星爆炸中暗能量的估计。

Shapley, Harlow. "Globular Clusters and Structure of the Galactic System." *Publications of the Astronomical Society of the Pacific* 30 (1918): 42. Shapley表明太阳并不在银河系的中心。

Tytler, David, Fan Xiao-Ming & Burles, Scott. "Cosmological baryon density derived from the deuterium abundance at redshift z = 3.57." *Nature* 381 (1998): 207. Tytler和他的合作者测量了氘的含量，这反过来可以让我们估计宇宙中重子（普通）物质的密度。

大爆炸

Gott, J.R. & Li, L-X. "Can the Universe Create Itself?" *Phys. Rev. D* 58 (1998):

3501. 一个"大爆炸"可以追溯到某个自我维持的时间循环。

Guth, A.H., "The Inflationary Universe: A Possible Solution to the Horizon and Flatness Problems." *Phys. Rev. D* 23 (1980): 347. 这是Guth最早介绍早期宇宙膨胀图片的文章。

Hinshaw, Gary, et al., "Five-Year Wilkinson Microwave Anisotropy Probe (WMAP) Observations: Data Processing, Sky Maps, and Basic Results." *Astrophysical Journal Supplement* 180 (2009): 225—245. WMAP卫星在第七章中绘制的冷热点分布图。

Kaluza, Theodor. "Zum Unitätsproblem in der Physik". *Sitzungsber. Preuss. Akad. Wiss. Berlin.* 1921: 966—972. 多个不同的（独立的）关于Kaluza-Klein理论的推导之一。这个观点是电磁学定律可以表述为第四个微小的维度的属性。

Klein, Oskar. "Quantentheorie und fünfdimensionale Relativitätstheorie." *Zeitschrift für Physik* 37:12 (1926): 895—906. 这里的Klein是"Kaluza-Klein"中的Klein。

Peacock, John A. *Cosmological Physics.* Cambridge: Cambridge University Press, 1999. 一本非常好的（尽管太技术化了）研究生水平的宇宙学概述。

Penzias, A. A.; Wilson, R. W. "A Measurement of Excess Antenna Temperature at 4080 Mc/s". *Astrophysical Journal* 142 (1965): 419—421. Penzias和Wilson因为观测到了我们被低温辐射（一种早期宇宙的残留物）包围而获得了诺贝尔奖。

Steinhardt, Paul J. & Turok, Neil. "The Cyclic Model Simplified." *NewAR* 49 (2005): 43. 简单说来，以普通（非弦理论学家）物理学家的水平可以理解。循环宇宙暗示我们它并不是第一个宇宙，原则上说来，可能也不会是最后一个。

Vilenkin, Alexander. "Creation of universes from nothing." *Physics Letters* B 117 (1982): 25. Vilenkin介绍了量子力学如何从一个随机涨落中形成宇宙。

地外生命

Beaulieu, J.-P., et al., "Discovery of a Cool Planet of 5.5 Earth Masses Through Gravitational Microlensing." *Nature* 365 (2006): 623. 这是一个偶然的恒星的微引力效应的观测实验，人们在其中发现了一个次级信号。这个信号是迄今为止发现的质量最轻的太阳系外行星发出的，质量为地球的5.5倍。

Carter, B. "Anthropic Principle in Cosmology." In *Current issues in cosmology*. Eds. Jean-Claude Pecker and Jayant Narlikar. Cambridge, 2006.

Gott, J.R., "Implications of the Copernican Principle for our future prospects." *Nature* 363 (1993): 315. Gott使用相对简单的概率假设，预测了人类、柏林墙和百老汇戏剧的存在时间。

Kalas, Paul, Graham, James R., Chiang, Eugene, Fitzgerald, Michael P., Clampin, Mark, Kite, Edwin S., Stapelfeldt, Karl, Marois, Christian, & Krist, John. "Optical Images of an Exosolar Planet 25 Light Years from Earth." *Science* November 13, 2008. 这是第一次通过直射光看到太阳系外行星，而不是通过宿主恒星的摆动检测到的。

Koch, David & Gould, Alan. *Kepler Mission.* http://kepler.nasa.gov/index.html

Marois, C. MacIntosh, B. Barman, T., Zuckerman, B., Song, I., Patience, J., Lafrenier, D. & Doyon, R. "Direct Imaging of Multiple Planets Orbiting the Star HR 8799." *Science Express*, November 13, 2008.

Schneider, Jean. *The Exoplanet Encyclopedia.* http://exoplanet.eu. 所有太阳系外行星的最新数据，包括关于发现它们的参考文献。

Tegmark, Max. "Is 'the theory of everything' merely the ultimate ensemble theory?" *Annals of Physics* 270, (1997): 1—51.

未来

Bahcall, John N. "The Solar-Neutrino Problem." *Scientific American* 262,

(1990): 54—61.

Bekenstein, J. D. "Revised gravitation theory for the modified Newtonian dynamics paradigm." *Phys. Rev. D* 70 (2004): 083509. Bekenstein发展了一种引力形式——"修正的牛顿动力学（MOND）"。MOND与相对论相一致，并与所有不需要暗物质或暗能量的观察高度一致。这被称为"张量—向量—标量"理论（TeVeS），当人们谈论MOND的时候，大多数人会讨论到TeVeS。证据仍未出现，从经济层面看，暗物质、暗能量结合传统的广义相对论是一个更令人满意的描述。

Bertone, Gianfranco, Hooper, Dan, & Silk Joseph. "Particle Dark Matter: Evidence, Candidates and Constraints." *Phys. Rept.* 405 (2005): 279—390.

Committee on the Physics of the Universe, National Research Council. *Connecting Quarks with the Cosmos: Eleven Science Questions for the New Century*. National Academies Press, 2003.我们并不是唯一对宇宙有未知答案的问题的生物。

David, R., Jr. "The Search for Solar Neutrinos." *Umschau* 5 (1969): 153. Davis是Homestake中微子天文台的台长，他首次发现来自太阳的中微子，从而（和之前提到的John Bahcall一起）确认有失踪的中微子。

Distler, Jacques, Grinstein, Benhamin, Porto, Rafael A., & Rothstein, Ira, Z., "Falsifying Models of New Physics via WW Scattering." *Physical Review Letters* (2007): 041601. 很多人试图使用类似LHC的常规实验检验或伪造弦理论。我们有些怀疑，因为LHC中探测到的能量远低于弦理论发生作用所需的数值。

Hewett, JoAnne L., Lillie, Ben, Rizzo, Thomas G. "Black Holes in many dimensions at the LHC: testing critical string theory." *Phys.Rev.Lett.* 95 (2005): 261603. 和Distler 的论文一样试图证伪低温弦理论。

KATRIN collaboration. KATRIN Project Homepage. http://wwwik.fzk.de/~katrin/index.html

Popper, Karl. *The Logic of Scientific Discovery*, New York: Basic Books, 1959.

这可能是科学方法的现代诠释的入门之作。

Xenon 100 Collaboration. *Xenon100 experiment webpage.* http://xenon.physics.rice.edu/xenon100.html

译校后记

作者在第二章中介绍了"量子传送"（quantum teleportation）的三个步骤，与我所知的"量子隐型传态"的步骤有明显不同。我向作者戴夫·戈德堡写邮件询问，他并没有就其中的关键内容做出答复，也没有给出支持他的参考文献。

量子隐性传态最早是Charles H. Bennett等人在1993年提出的。他们的说法与英文维基百科的quantum teleportation词条是一致的。基本步骤如下：

1. 有一个待传输的量子比特叫A，还有一对纠缠的量子比特B和C。A和B同在发送地，C在接收地。

2. 用一种特定的方式对A和B进行联合测量。由于量子力学的特殊性，可能的测量结果有四个，实际的测量结果是在这四个结果中随机产生的某一个。取得测量结果之后，A和B都与之前不同了，可以弃之不用。测量者将测量结果写成两个经典比特（即我们日常生活中接触的经典信息）。

3. 测量者通过经典信道（例如电子邮件、电话等等），将两个经典比特发送到接收地。这个过程不可能超过光速。

4. 在步骤2中的测量同时也导致C发生了改变，处于四个可能的状态中随机产生的某一个状态，这四个可能的状态都与A有关。由于在实验开始时，B与C有纠缠，所以发送地的可能的测量结果与C可能的状态是一一对应的。虽然接收地的测量员不知道C究竟处于哪一个状态，但是当他接收到步骤3中传送的经典比特之后，就会知道C是什么状态了。此时他可以按照特定的规则对C进行变换，最终把它转换成A。

作者在正文中并没有强调量子传送必须借助经典信道传输经典信息，否则就不可能成功。因此，量子传送虽然也可以译作量子瞬移，但它并不是真正的瞬间移动，而需要花费时间。感谢钱懿博士在这个问题上提供的帮助。

李剑龙

2015.07.03

词汇表

（按照字母顺序排列）

actual density ratio 真实密度比
allotropic forms 同素异形体
amplitude 振幅
anthropic principle 人择原理
antimatter 反物质
antineutrinos 反中微子
antipaticles 反粒子
antiprotons 反质子
argon 氩
asymmetry 不对称性
atoms 原子

background radiation 背景辐射
baryons 重子
Bell's inequality 贝尔不等式
Big Bang 大爆炸
Black Hole 黑洞
bosons 玻色子
branes 膜
bullet cluster 子弹星团
butterfly effect 蝴蝶效应

carbon 碳
carbon dating 碳年代测定法
Casimir effect 卡西米尔效应
CERN 欧洲粒子物理研究所
cesium clock 铯钟
chaos theory 混沌理论
charge 电荷
charmed quark 粲夸克
classical intuition 经典直觉
conservation 守恒
Copenhagen interpretation 哥本哈根解释
Copernican Principle 哥白尼原理 (1993)
Cosmic inflation 宇宙膨胀

Cosmic Microwave Background Radiation
    宇宙微博背景辐射
cosmic rays 宇宙射线
cosmic strings 宇宙弦
Cosmological constant 宇宙常数
CP symmetry CP对称
critical density 临界密度
cyclic universe 循环宇宙

dark energy 暗能量
dark matter 暗物质
decay 衰变
determinism 决定论
deuterium 氘
deuterons 氘核
disorder 无序
Doppler shift 多普勒频移
double-slit experiment 双缝实验
Drake equation 德雷克方程

electromagnetism 电磁学
electron neutrino 电中微子
electrons 电子

electroweak force 电弱力
electron phase 电子相位
element 元素
energy 能量
EPR paradox EPR悖论
escape velocity 逃逸速度
event horizon 事件视界
expanding universe 膨胀的宇宙
extraterrestrials 地外生命

falsifiability 可证伪性

faster-than-light travel 超光速旅行

field 场

field equation 场方程

forth dimension 第四维度

free fall 自由落体

free parameters 自由参数

free will 自由意志

fundamental forces 基本作用力

fundamental parameters 基本参数

fundamental particles 基本粒子

galaxy 星系

gas 气体

general relativity 广义相对论

geometry of universe 宇宙几何

glueballs 胶子

grandfather paradox 祖父悖论

Grand Unified Theory（GUT）大统一理论

ground state 基态

gravitational lensing 引力滤镜

gravitino 引力微子

graviton 引力子

gravity 引力

ground rules 基本法则

hadrons 强子

half-life 半衰期

helium 氦

hidden variables 隐变量

Higgs field and particles
　　希格斯场和希格斯粒子

Horizon 视界

Hubble constant 哈勃常数

Hubble's Law 哈勃定律

Hubble Space Telescope 哈勃太空望远镜

hydrogen 氢

hydron 吸水性丙烯酸聚合物

impossibility 不可能性

inertia 惰性

infinity 无穷

inflation 暴胀

interference 干涉

Kaon K介子

kaon vs. antikaon K介子和反K介子

Large Hadron Collider大型强子对撞机
　　（LHC）

lead 铅

lepton 轻子

light 光

lightest supersymmetric particle
　　　最轻超对称粒子

lithium 锂

local reality machine 局部现实机

Loop Quantum Gravity 圈量子引力

Mach's principle 马赫原理

magnetic field 磁

measurement 测量

mediator particles 介质粒子

meter 米

metric 度量

microwave 微波

mirror 镜

MOdified Newtonian Dynamics
　　　修正牛顿动力学（MOND）

molecules 分子

moon 月球

moon landing 登陆月球

motion 运动

M theory M理论

multiverse 多元宇宙

mu neutrino μ中微子

muons μ介子

neon 氖

neutralino 中轻微子

neutrality 中性

statistics 统计

strangelets 奇异夸克团

strange quark 奇异夸克

string theory 弦理论

strong force 强作用力

subatomic particles 亚原子粒子

sun 太阳

supernova explosions 超新星爆炸

Super-Kamiokande experiment
    超级神冈核子衰变实验

supernovas 超新星

supersymmetry 超对称

symmetry 对称

tachyon 超光速粒子

tau neutrino τ中微子

teleportation 瞬移

temperature 温度

ten dimensions 十维

Theory of everything（TOE） 万物理论

thermodynamic laws 热力学定律

thorium 钍

three dimensions 三维

tidal forces 潮汐力

time machine 时间机器

time travel 时间旅行

top quark 顶夸克

trace elements 微量元素

tritium 氚

tunneling 隧道效应

twin paradox 孪生悖论

two-slit experiment 两缝实验

ultraviolet light 紫外线

uncertainty 不确定性

Uncertainty Principle 不确定性原理

universe 宇宙

up quark 上夸克

uranium 铀

vacuum energy 真空能量

velocity 速度

warp drives 曲速引擎

wave 波

weak force 弱作用力

white dwarf 白矮星

wormholes 虫洞

W particles W粒子

X bosons X玻色子

X-rays X射线

Z particles Z粒子